水産学シリーズ

151

日本水産学会監修

海洋深層水の多面的利用
―養殖・環境修復・食品利用

伊藤慶明・高橋正征・深見公雄　編

2006・10

恒星社厚生閣

まえがき

　世界的な最重要関心事である社会の持続性の強化には，20世紀に多用した化石燃料への依存度を下げ，代わりに太陽光・風力・海洋深層水などの，循環再生の速やかな資源の利用に変えていくことが急務である．太陽光・風力はエネルギーに限定されるが，海洋深層水はエネルギーを始め，鉱物・栄養塩類・水など，人類が必要とする多様な物質資源の供給力をもち，その利用法の開発が望まれてきた．

　海洋深層水に関する研究としては，1985年に科学技術庁アクアマリン計画モデル実証地域として室戸での海洋深層水の資源利用研究が最初で，1986年に「海洋深層水資源の有効利用技術の開発に関する研究」が5ヶ年計画で始まった．これ以来ほぼ20年を経た．1989年には室戸に海洋深層水取水施設が日本で初めて設置され，水産資源生物の養殖が進められ，富山では洋上型の深層水取水施設が設置され海の環境改善への効果についての実験が始まった．1995年には深層水が一般に分水されるようになり，食品や化粧品などへの利用が進み，「魔法の水」と言われるほどの深層水ブームをひき起こした．1998年には「室戸海洋深層水の特性把握および機能解明」が3ヶ年計画で行われ，深層水の効果に関する科学的根拠と特性の解明に力が入れられた．さらにその後の研究により食品分野で作用機構に関する新しい知見が出ている．一方，深層水の利用が実用的に事業として成功しているものもでてきている．

　ところで，上記のように多岐にわたる海洋深層水利用を包括的にとりまとめた書物はこれまでに未だ出版されていない．海洋深層水を人類が必要とする物質資源の供給源とするためには，海洋深層水資源の様々な分野に関連した研究者による積極的且つ総合的な研究・利用技術開発がまだまだ不可欠である．

　そこで，水産養殖，環境修復，食品利用にわたる海洋深層水の利用と研究の最前線について，包括的にまとめ，研究の現状と将来性を示し，今後の研究に資することを目的として本書を纏めた．なお，本書は海洋深層水に関わっておられる研究者および技術者のみならず，海洋深層水について知りたいと思っている学生諸君や海洋深層水を今後利用してみたいと考えておられる民間企業の

方々にも，活用されることを望んでいる．

　本書は紙面の制約もあり行き届かなかったところもあると思うが，本書の趣旨を少しでもご理解いただければ幸いである．

　平成18年9月

伊藤慶明
高橋正征
深見公雄

海洋深層水の多面的利用－水養殖・環境修復・食品利用　目次

まえがき ………………………………………(伊藤慶明・高橋正征・深見公雄)

I. 海洋深層水とは
1. 海洋深層水の特性と研究の歴史 ………(高橋正征)…………11
§1. 今，なぜ海洋深層水に着目するのか？(11)
§2. 海洋温度差発電で始まった海洋深層水の利用技術の開発(12)　§3. 海洋温度差発電以外の海洋深層水の利用技術開発(14)　§4. 海洋深層水の小規模利用(15)
§5. 海洋深層水の大規模利用(17)　§6. 海洋深層水による社会の持続性の強化(19)

II. 魚介類養殖への利用
2. 魚類の飼育 ……………………………………(村田　修)…………21
§1. ヒラメ (*Paralichthys olivacehs*) (21)　§2. トラフグ (*Takifugu rubripes*) (25)　§3. 深海性魚類(25)
§4. 冷水性魚類(27)　§5. 今後の展望(32)

3. トヤマエビの種苗生産 ………………………(渡辺孝之)…………34
§1. 種苗生産(35)　§2. 抱卵雌エビからの再採苗(42)
§3. トヤマエビの種苗生産における海洋深層水利用の意義(44)

III. 藻類培養への利用
4. 海藻類の培養 ………(平岡雅規・岡　直宏・永松和成)…………46
§1. 沖縄海洋深層水を用いたクビレヅタ養殖(46)
§2. 室戸海洋深層水を用いたスジアオノリ養殖(52)

5. 単細胞藻類の培養 ……………………(深見公雄)…………57
　§1. 餌料性浮遊珪藻 *C. ceratosporum* の培養(57)
　§2. バイオリアクターによる餌料性付着珪藻 *Nitzschia sp.* の培養(59)　§3. アワビ稚貝と餌料性付着珪藻の連続・混合培養(62)　§4. 微細藻類の収量の季節変動要因(63)　§5. 海洋深層水の大量排水が有害プランクトンの増殖を促進する可能性(65)　§6. 海洋深層水による微細藻類培養の意義(67)

Ⅳ. 環境修復への利用

6. 洋上肥沃化 ……………………………(井関和夫)…………69
　§1. 海洋深層水による洋上肥沃化の本質(70)　§2. 海域肥沃化実験(71)　§3. 洋上肥沃化の試算：取水規模と生物生産量(77)

7. 藻場造成 ………………………………(藤田大介)…………79
　§1. 藻場の衰退状況(79)　§2. 藻場造成(81)
　§3. 海洋深層水排水の実態(83)　§4. 藻場回復のための基礎研究(85)　§5. 実際の藻場造成・回復に向けた問題点(88)

8. 環境への影響 …………………………(池田知司)…………91
　§1. 海洋深層水の大量取・放水影響(91)　§2. 海域肥沃化の可能性(101)　§3. 今後の課題(102)

Ⅴ. 食品への利用

9. 食品への利用状況
　　……………………………………(伊藤慶明)…………105
　§1. 海洋深層水を利用している食品(105)　§2. 海洋深層水の利用形態(107)　§3. 発酵食品への利用(109)

§4. 非発酵食品への利用 (110)　　§5. 海洋深層水塩の
　水分活性曲線 (115)　　§6. 味・色・香りへの影響 (116)
　　　§7. 生理作用および安全性 (117)　　§8. 今後の課題 (119)

10. うどんの品質に与える影響 ……………(森岡克司)………120
　　　§1. 市販海洋深層水うどんの物性および微細構造比
　較 (120)　　§2. 海洋深層水がうどんの物性および微細
　構造に与える影響 (123)　　§3. 海洋深層水に含まれる
　主要ミネラルがうどんの物性に与える影響 (125)
　　　§4. 今後の課題 (127)

11. 香気への影響 ……………(沢村正義・今江直博)………129
　　　§1. ヘッドスペース分析法による香気成分分析 (130)
　　　§2. 加熱香気組成に及ぼす海洋深層水の影響 (131)
　　　§3. 海洋深層水による加熱香気生成反応促進要因の検討 (139)

12. 発酵食品への効果
　　　　　………(上東治彦・加藤麗奈・佐見 学・上神久典)………143
　　　§1. 清酒 (143)　　§2. ビール (149)　　§3. 醤油・
　味噌 (150)　　§4. 今後の利用への期待 (151)

13. アオノリ培養への影響 …………(野村 明・中田有樹)………152
　　　§1. 異なる海水での培養比較―スジアオノリについて (153)
　　　§2. 乾燥スジアオノリからの窒素成分の抽出方法 (155)
　　　§3. スジアオノリの窒素成分の比較―天然産と培養 (157)

Various aspects of deep seawater utilization – Aquaculture, environmental restoration, and food processing

Edited by Yoshiaki Itoh, Masayuki Takahashi, and Kimio Fukami

Preface   Yoshiaki Itoh, Masayuki Takahashi, and Kimio Fukami

I. What is the deep seawater?
1. Resource characteristics of deep seawater and the technology development of its utilization   Masayuki Takahashi

II. Breeding and seedling of fish and shrimp using deep seawater
2. Breeding of fish   Osamu Murata
3. Seedling of coonstripe shrimp Pandalus hypsinotus   Takayuki Watanabe

III. Algal culture using deep seawater
4. Cultivation of seaweed   Masanori Hiraoka, Naohiro Oka, and Kazunari Nagamatsu
5. Cultivation of unicellular algae   Kimio Fukami

IV. Environmental restoration by deep seawater
6. Ocean fertilization   Kazuo Iseki
7. Possibility of restoration of seaweed beds   Daisuke Fujita
8. Impact assessment on environment   Tomoji Ikeda

V. Utilization of deep seawater for food processing
9. General aspect of deep seawater utilization for food processing   Yoshiaki Itoh

10. Effect of deep seawater on physical properties and microstructure of Japanese noodle (*udon*)   Katsuji Morioka
11. Effect of deep seawater on the formation of cooked flavor
    Masayoshi Sawamura and Naohiro Imae
12. Effect of deep seawater on the production of fermented foods.
    Haruhiko Uehigashi, Reina Katoh, Manabu Sami, and Hisanori Uwagami
13. Effect of deep seawater on the chemical composition of a cultured green alga, *Ulva*   Akira Nomura and Yuki Nakata

I. 海洋深層水とは

1. 海洋深層水の特性と研究の歴史

高 橋 正 征*

§1. 今,なぜ海洋深層水に着目するのか？

　20世紀は,化石燃料を始め様々な地下資源を利用して豊かな物質社会を築いた象徴的な世紀であった.しかし,地下資源の利用と利用後の地表へのまき散らしによる地球環境問題の深刻化,並びに地下資源の枯渇,という2つの根本的な問題を抱えてしまった.メタンハイドレートやマンガン団塊などの未利用資源の利用は,これまでの20世紀型「地球の遺産の食いつぶし」に他ならず,緊急処置以外の何物でもない.20世紀の貧弱な知識・技術では,地下資源の利用という選択肢をとったことは仕方がなかった.しかし,知識が増え,技術が格段に進歩した現在,地下資源から地表で得られる循環再生型資源に切り替えていくことが急務である（表1・1）[1-3].水産資源も例外ではなく,現行の水産物の獲得から利用に至る全行程を厳しくチェックして改善する必要がある.

表1・1　これまでの資源とこれからの資源の特徴

	これまでの資源 (例：石油・石炭・鉄鉱石)		これからの資源 (例：太陽光・風力・海洋深層水)	
資源密度	濃い	○	薄い	×
資源量	少ない	×	豊富	○
資源価値	限定	×	限定〜多様	×〜○
枯渇問題	深刻	×	再生循環	○
環境問題	深刻	×	少ない〜無	△〜○

　循環再生型資源としては,これまで太陽光・風力・波力・潮汐・地熱などが検討され,その多くが実用化段階に入ってきた.しかし,これらはすべてエネルギー資源で,物質資源ではない.海洋深層水（以下,深層水）には,現在知

---

* 高知大学大学院黒潮圏海洋科学研究科

られている資源性として，エネルギー資源である低温のほかに，富栄養性（肥料物質）・ミネラル類・鉱物類・水・塩といった各種物質資源がある（表1・2）[2, 3]．利用技術が完成したものから，通常の地下資源利用を深層水に切り替えていくことが人類社会の持続性を高める上で重要である．

水産分野にとって，増加する人口や陸上での過度の食料生産活動を考えると，食料を中心とした水産資源の確保や増産が必要で，それには深層水の利用が1つの大きな可能性を与える．

表1・2　海洋深層水の既知の資源性と特性

資源性・特性	表層水	海洋深層水（水深約200 m以深）
冷媒（エネルギー）	×	○
富栄養性（栄養塩類，肥料）	×	○
淡水	○	○
ミネラル類	○	○
金属類	○	○
塩	○	○
その他の有用物質	?	?
清浄性	×	○
安定性	×	○
再生速度	○	○（1～数千年）

§2. 海洋温度差発電で始まった海洋深層水の利用技術の開発

深層水が最初に着目されたのは，19世紀の終わりである[1]．1881年，フランスの物理学者ダルソンバール（J. D'Arsonval）は，熱帯の海の表層と深層の水温の違い（約30℃）を利用した発電の可能性を指摘した．海洋温度差発電（ocean thermal energy conversion，略称OTEC）である．30℃の表層海水を減圧していくとやがて沸騰し始め，発生する水蒸気で発電機のタービンを回して発電し，水蒸気は低温の深層水で冷却して水に戻す．1926年11月15日に，クロード（G. Claude）とブーシェロ（P. Boucherat）の二人がフランス科学院でダルソンバールの提唱した温度差発電を実験で示した．

その後，クロードは，海洋温度差発電の実用化のために1955年まで，実に30年近くの歳月をかけて様々な技術開発を進めた．アフリカの象牙海岸のアビジャンでクロードが中心になってフランス政府の支援で進めていた海洋温度差

発電施設の建設の様子は，1957年7月3日に「無限の海水から電力生産」と題して，佐々木忠義氏（当時，東京水産大学教授）によって朝日新聞夕刊の科学欄全紙面を使って紹介された．これが，海洋深層水が日本に紹介された最初である．1969年に出版された岩波新書の「海」[4]でも，著者の宇田道隆氏（当時，東京水産大学教授）がアビジャンの海洋温度差発電を詳しく説明している．ただ，アビジャンの海洋温度差発電施設の工事は，当時始まったアフリカ諸国の独立によって宗主国の影響力が急落し，さらに石油価格の低下で石油火力発電へと関心が移ったことなどが影響して，途中で中止された．

1973年，産油国が結束して石油の値段を大幅に吊り上げる，いわゆる第1次石油ショックが起こった．世界の国々は，それまでの石油依存一辺倒の危険性に気づき，石油以外のエネルギー資源の開発に乗り出した．太陽光，地熱，石炭，風力，波力，潮汐……など多くが検討され，可能性の高いものについては技術開発を進めた．その中に，海洋温度差発電も加えられた．

海洋温度差発電の事業化に最も積極的だったのは，一年中表層の海水温が30℃近くあり，温度差発電が周年可能な米国ハワイ州である．ハワイは1958年に州に昇格し，熱帯のハワイの地の利を活かした産業振興を探していて，海洋温度差発電はそうしたハワイの特徴を最大限に活かせる事業と考えられた．ハワイ州議会は，1974年に海洋温度差発電の技術開発支援を議決し，ハワイ島のコナに自然エネルギー研究所用地を確保した[5]．そうしたハワイ州の支援を受けて，1979年8月から11月まで，コナ沖でMini-OTEC実験が行われ，53.6 kWの温度差発電に成功した．1980年には，OTEC-1実験がコナ沖で行われ，海洋温度差発電に必要な基礎技術が開発された．

日本でも1974年に，当時の通産省に「サンシャイン計画」が作られ，新しいエネルギーの探索と利用のための技術開発が始まり，海洋温度差発電も検討項目に加えられた．1983年に，赤道直下のナウル共和国で，出力100kWの海洋温度差発電施設が建設され，1年間運転を継続してデータを取った[1]．

しかし，海洋温度差発電は既存の発電に比べて建設費用が高く，燃料は不要といっても発電だけでは事業化は当分難しいという判断で，世界各国は技術開発を次々と中止していった．日本の通産省も経済性の難しさから温度差発電の事業化を先送りした．

§3. 海洋温度差発電以外の海洋深層水の利用技術開発

ハワイ州は，1980年にコナに州立自然エネルギー研究所を新設，深層水を陸上に揚水する取水管を敷設して陸上での研究と技術開発を始めた．その際に，発電だけでは経済性が不十分なため，発電に使った深層水を他の目的で利用する，いわゆる多段利用を進めて経済性向上を目指した．こうして，深層水による冷水性の海産生物の飼育や蓄養，淡水製造，建物の空調利用，土壌を冷却する農業利用などが検討された[5]．

一方，温度差発電とは別に深層水の富栄養性に着目した研究が進められていた．最も積極的だったのは，米国コロンビア大学ラモント海洋研究所のローエル（O. A. Roels）である[6]．ローエルは，熱帯のカリブ海のSt. Croix島で，深層水を陸上に揚水して植物プランクトンを培養し，それでアサリやカキなどの貝類を養殖した．1972～77年に精力的に実験を進め，天然資源を利用した新しい水産資源生物の養殖事業の可能性を確認した．しかし，実際にチャレンジする資本家が見つからず事業の実現にはいたらなかった．

日本では，1985年に，当時の科学技術庁が「アクアマリン計画」を開始し，その中に深層水の資源利用が組み込まれた．しかし，通産省が発電の先鞭をつけていたので，発電以外の深層水の資源利用が謳われ，先のローエルの水産生物資源の生産研究が基礎になった．研究は「海洋深層水資源の有効利用技術の開発に関する研究」と名づけられ，1986年に5ヶ年計画で始まった．陸上型と洋上型の2種類の研究施設を使った研究と技術開発が目指され，1989年に陸上型が高知県室戸市，洋上型が富山湾氷見沖に設置されて現場実験が始まった．2年間の現場実験を総括して，洋上型は研究を完了して実験装置を撤去，一方，陸上型はさらに研究と技術開発が続けられた．

アクアマリン計画とそれにひき続いた地域共同研究で，科学技術庁は深層水の資源利用の研究成果を着実に上げたが，何といっても飛躍的に進んだのは，一般の人たちの創意工夫である．1995年に，海洋深層水研究所から一般への深層水の提供が始まった．希望者は深層水の利活用計画を提出して審査を受け，パスした計画には必要量の深層水が供給された．その結果，生活に密着した深層水の様々な利活用が工夫され，飲食品を中心に次々と商品が生まれた．その中で，化粧水と飲料水が全国的に広がり，深層水の知名度を一挙に高めた．

1996年に深層水商品が高知県から始めて売り出され，年間1.6億円の売り上げを記録した．その後，高知県は順調に売り上げを伸ばし，2004年度は約160億円に達した．現在，富山県，沖縄県，北海道など，全国16ヶ所に深層水施設が完成あるいは建設中で，全国の深層水売上高は発泡酒を除いて年間500億円を超えていると予想される．商品の品目も数千種類に上る．

§4. 海洋深層水の小規模利用

日本での深層水の利用は，温度差発電に比べると使用する深層水の量が極めて少ない．つまり小規模利用である．利用している深層水の特性を整理すると，低温，清浄性，ミネラル成分，富栄養性，水，塩などである．

低温は，冷水性の水産生物の蓄養で効果を発揮している．しかし，現行の蓄養期間はせいぜい数週間で，これを数ヶ月から半年程度まで延長する技術が開発されれば，例えば，冬に獲れた水産物を夏まで蓄養して付加価値を大幅に高めることが可能になる．また，深層水の低温性を利用したヒラメ親魚の越夏が可能となって，従来は1年に1回だったヒラメ稚魚の供給が，周年にわたり任意の時期に供給できるようになった．この技術は他の水産生物にも応用可能である．水産生物の増養殖では，しばしば温度制御が必要であるが，その場合，深層水を冷熱源として利用できる．さらに，水産生物は取り上げ後に低温・清浄環境下で維持することが不可欠で，両性質をもっている深層水は極めて有効である．水産分野に限らないが，建物の空調利用では80％以上の電力削減が明らかになっている[7]．

深層水の清浄性の特徴の1つは[8]，分解しやすい有機物がほとんどなく，したがって有機物を餌にしている生物が極めて少ないことである．また，深層水は表層水が冷却されて深層に沈降したもので，沈降してからの平均経過時間は50～2000年あり，過去50年間に開発・生産・使用された難分解性有機汚染物質（persistent organic pollutant, POP）を始めとした様々な人工合成物質をほとんど含まない．そのために，清浄な環境での水産生物の増養殖あるいは蓄養に適している．また，清浄な深層水を利用することによって，水産生物の増養殖での病害発生の抑制効果も大きい．

ミネラル成分としては，マグネシウムとカルシウムが注目されるが，それに

加えて深層水中にはカリウムなど濃度は低いが他の多くのミネラルを含んでいる．ごく一部のミネラルを除けば，深層水も表層水もミネラル濃度は大差ない．しかし，飲食品・化粧品・医療の治療補助剤などに使う場合には，清浄性の高い深層水が優れている．特に海水のミネラル作用として知られているのは，醗酵促進である．醗酵速度を速め，さらに醗酵程度を高める．

富栄養性は，深層水中では十分な光がないために有機物の生産よりも分解が卓越し，分解産物の栄養塩類がたまって生まれた特徴である．栄養塩類は有機物の分解産物であるから，有機物生産の原料として丁度よい成分比である．海の植物プランクトンや海藻類に深層水を与えると，その富栄養性で生産が活発になり，魚介類も増える．深層水の排水場所では，磯焼けの回復が認められている．ただ，深層水が含んでいる栄養塩類の濃度は，陸上農業で使われている肥料に比べると，桁違いに低い．したがって，深層水の富栄養性をそのまま使ったのでは，仮に塩分を除いたとしても農作物にとっては栄養が少なすぎて育たない．

深層水から塩分を除けば淡水が得られる．ただ，海水から塩分だけを取り除くことは難しく，現行の逆浸透膜処理では深層水中のほとんどの物質が除かれてしまう．したがって，飲料水などにするには，深層水から得られた水に，必要なミネラル成分を加える必要がある．その際に，清浄性の高い深層水から得たミネラル分を加えるのが最も簡便で理想である．

塩は古くは海水を蒸発乾固して得られた．深層水の塩は，表層水に比べると清浄性の高いのが大きなメリットである．海水中には塩化ナトリウムを始め様々な塩が含まれているために，塩化ナトリウムを主成分とする塩に比べて飲食品の味を高める働きがある．塩の場合も，塩類だけを考えると深層水も表層水も基本的な差はない．しかし，飲食品などに利用する場合には，清浄性の高い深層水が優れている．

飲食品をはじめとした深層水の小規模利用は主として日本で利用法が工夫された．その大きな理由は，大量利用のしやすい深層水の低温を，温帯に位置する日本では夏を中心に1年の限られた時期しか利用できないことが大きい．また，大量利用のメリットである富栄養性は，現状では費用対効果でまだ十分な経済性が生まれない．したがって，料理にたとえれば，これまで日本で開発さ

れた深層水の利用は前菜的といえる．加えて，日本では深層水の単一の資源性の利用にとどまっていて，複数の資源性の多段的な利用には至っていない．小規模取水のために取水費用も高い．

§5. 海洋深層水の大規模利用

深層水の大規模利用では低温利用が鍵になる．これまでの研究結果をもとにして大規模多段利用計画の例を示したのが図1・1である[9]．地域や利用目的に応じて，取水量とその後の利用は臨機応変に変更できる．これは1999～2003年に新エネルギー・産業技術総合開発機構（NEDO）と（社）日本海洋開発産業協会（JOIA）が行った「エネルギー使用合理化海洋資源活用システム開発」の成果の一部である．

例では，日本海の深層水を利用する場合を想定していて，深度500 mから0℃の深層水を日量100万t揚水する．揚水用の電気は深層水と表層水を利用した温度差発電でまかなう．2,000 kwの発電を想定し，温度差発電で2℃の温度を使う．2,000 kwすべてが揚水に必要ではないので，余剰電気は他の目的に使用できる．つづいて2℃の低温深層水5万tを，農業・水産・飲食品利用に回し，残りの95万tを地域冷房（建物の空調）に使う．仮に8℃の温度を地域冷房に利用すると，300万m^2の床面積の空調が可能である．これは六本木ヒルズ（総床面積，約724,000 m^2）を，ほぼ4棟空調できる規模である．10℃に昇温した深層水95万tで，次は60万kWの火力発電所を冷却する．22℃に昇温するので，温水になった深層水をハイテク産業，水産，飲食品産業，健康・美容・医療，上水などに利用し，残りを海域に放流して肥沃化する[10]．

この例は，温度を多段的に利用し，同時に，深層水のもつ性質が最も有効に利用される水温にしてそれぞれの資源利用に振り向けていく．深層水の低温と富栄養性以外の利用は極少量で済むので，揚水した100万tの大部分は，昇温後に海域に放流されることになると思われる．昇温した深層水は，富栄養性によって海域の生物生産性を高め，水産資源生物を増産させることが可能である[11]．100万t規模で深層水を揚水すると，揚水費用は現行の日量数1,000 tレベルに比べて，1/100から1/1000にまで下がる．したがって，100万t規模で深層水を揚水すれば，現行の少量揚水に比べて陸上での水産生物のタンク養殖で

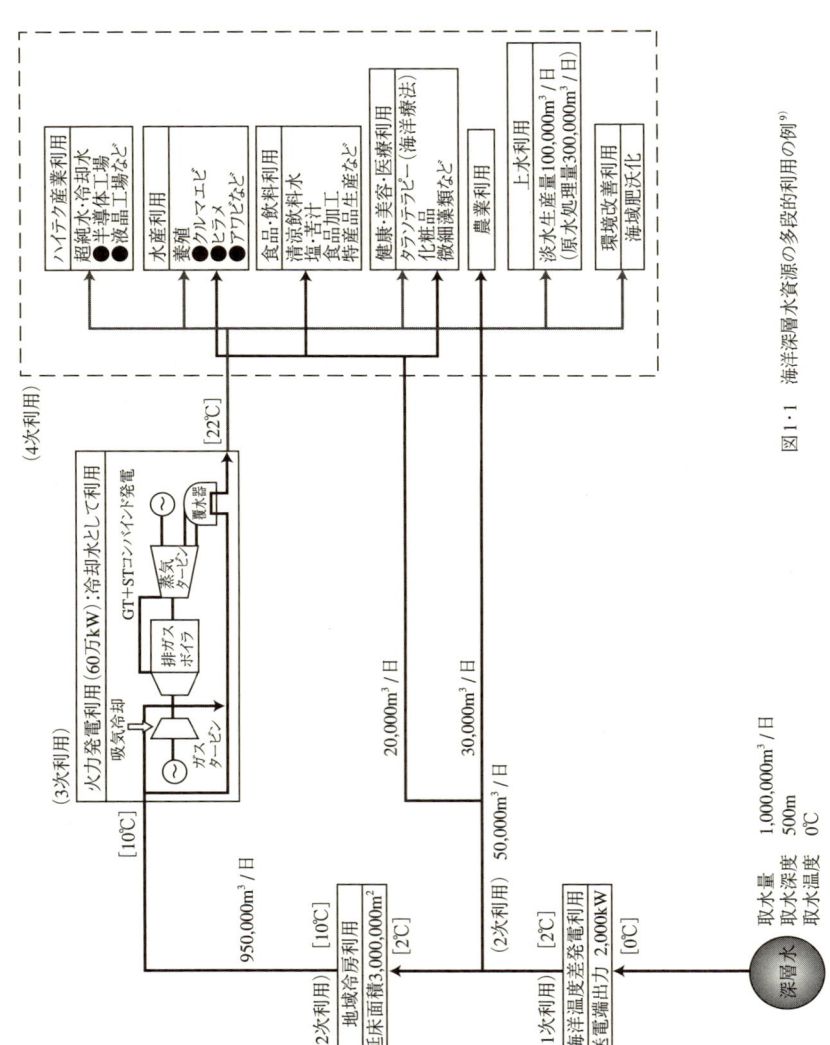

図1・1 海洋深層水資源の多段的利用の例[9]

も極めて安い深層水が使える.

　洋上で海洋温度差発電が行われた場合には，日量数100万t規模の深層水が揚水され，発電で若干昇温するので，それを表層水で希釈して水温をさらに上げ，周辺の海に放流することにより，海の一次生産を高め，さらには水産生物の生産を高めることにつなげられる.

　2003年夏から，相模湾中央の三浦海丘に「拓海」が設置され，生物生産性を高めるために，水深200mから日量10万tの深層水を揚水し，表層水20万tで希釈して，真光層内に放水されている[12, 13].これは（社）マリノフォーラム21が水産庁から受託した「深層水活用型漁場造成技術開発，2000-04年」と「海洋肥沃化システム技術確立事業，2005-07年」の研究技術開発である.

§6. 海洋深層水による社会の持続性の強化

　人類は，社会の持続性強化のために，資源利用，生産・消費活動などで新機軸を打ち出す必要に迫られている.そうした状況下で，深層水の資源利用は問題の解決あるいは軽減に貢献することが期待されるようになった.ここ20年に及ぶ日本の努力は，温度差発電で進んできた世界の深層水の資源利用を，深層水のもつ多様な資源性の利用に振り向け，人類の抱えている問題の解決の可能性を感じさせる段階に導いたように思う.

　しかし，残念なことが2点ある.1つは，日本での深層水の資源利用は一般の人たちの工夫が原動力になって展開した結果，専門家が退いてしまった感のあることである.様々な利用は工夫されたが，利用の仕組みの解析は著しく立ち後れている.例えば，海水の醗酵促進は明らかであるが，その仕組みはほとんどわかっていない.また，深層水から作られた飲料水の優れている点の科学的検討もない.この種の問題はあげていったらきりがない.

　もう1つは，深層水の利用のポイントになる低温は，温帯に位置する日本では冬に低温になるために周年利用が難しく，熱帯域に比べて地の利が悪いことである.

　第1の問題は，専門研究者が深層水のもっている資源や特性を評価して，深層水効果の仕組みの解明に参加する必要がある.第2の問題は，熱帯域での実用化を進めると同時に，温帯でも深層水の低温が利用できるよう鋭意工夫する

必要がある．

文献

1) 高橋正征：海にねむる資源が地球を救う－海洋深層水の利用，あすなろ書房，1991，189pp.
2) 高橋正征：21世紀を支える巨大資源－海洋深層水－，都市問題研究，57，31-42（2005）．
3) 高橋正征：持続性社会を支える海の資源の利用，海洋と生物，27，430-436（2005）．
4) 宇田道隆：海（岩波新書732），岩波書店，1969，242pp.
5) 中原裕幸：ハワイ・自然エネルギー研究機構（NELHA）における海洋深層水の利用，月刊海洋／号外，22，209-215（2000）．
6) 高橋正征：海洋深層水による植物プランクトン・二枚貝・海藻などの多段生産，同誌，22，85-90（2000）．
7) 高橋正征：海洋深層水のエネルギー利用技術の最前線，ECO INDUSTRY，10，32-36（2005）．
8) 高橋正征・池谷透：海洋深層水の清浄性，海深研，3，91-100（2002）．
9) 高橋正征：海洋深層水で築く安全で豊かな社会，日本海学の新世紀6，海の力（蒲生俊敬・竹内章編），角川書店，2006，pp.152-162.
10) 渡辺貢・谷口道子・池田知司・小松雅之・高月邦夫・金巻精一：海洋深層水による沿岸海域の肥沃化，月刊海洋／号外，22，160-169（2000）．
11) 井関和夫：海洋深層水による洋上肥沃化－持続生産・環境保全型の海洋牧場構想－，同誌，22，160-178（2000）．
12) 大内一之：海洋肥沃化装置「拓海」の開発と実海域実験，深層水活用型漁場造成技術開発委員会成果報告，MF21，51，46-54（2005）．
13) 高橋正征：漁場環境収容力拡大の試み：人工湧昇，養殖海域の環境収容力（古谷研・岸道郎・黒倉寿・柳哲雄編），恒星社厚生閣，2006，pp.19-129.

II. 魚介類養殖への利用

2. 魚類の飼育

村 田 修*

　海水魚の養殖が産業としての形態を成すようになったのはハマチの小割式網生簀養殖法が開発された1950年代[1]からであり，1955年以降マダイ，カンパチ，シマアジ，トラフグなどの養殖も始まった[2,3]．それから30年以上経過した1989年に海洋深層水（以下，深層水）を利用した魚類飼育の実証試験が高知県海洋深層水研究所において始められた[4]．1991年から近畿大学水産研究所富山実験場では100 m層海水を汲み上げて魚類飼育実験に利用しており[5]，1995年には富山県水産試験場において深層水利用実験施設が完成して魚類飼育が研究対象に取り上げられている[6]．本稿では，主としてこれら三者が取り組んでいる魚類飼育の現状と展望について述べることにする．

§1. ヒラメ（*Paralichthys olivacehs*）

　深層水の魚類養殖への利用の最大のメリットは清浄性と低温安定性であり，その対象魚種の代表としてヒラメがあげられる．高知県海洋深層水研究所では深層水が水深320 mから汲み上げられており，その水温は8～10℃で，それが陸上水槽で利用されるときには10～16℃となる．しかし，ヒラメの成長適水温は20～24℃であることから，深層水のみでは良好な成長や飼料効率が期待できない．また，表層水は夏季に30℃近くまで昇温するために，ヒラメの安全な越夏にとって，適温環境をつくる必要がある．そこで，深層水と表層水（15～29℃）の混合水を用いてのヒラメ親魚の飼育，異なる水温下および溶存酸素下でのヒラメ養殖実証試験が試みられている[7-10]．また，富山県水産試験場においては表層水との混合水を用いたヒラメの優良親魚養成試験が実施され，生残率および成長において深層水利用の方がよい傾向が見られるなど幾つ

---

* 近畿大学水産研究所

かの事例が報告されている[11]．一方，近畿大学水産研究所富山実験場では沿岸から1,500m沖合に位置する100 m層海水を実験場内の受水槽（縦6 m，横7 m，深さ11.3 m）に汲み上げている（図2・1）．

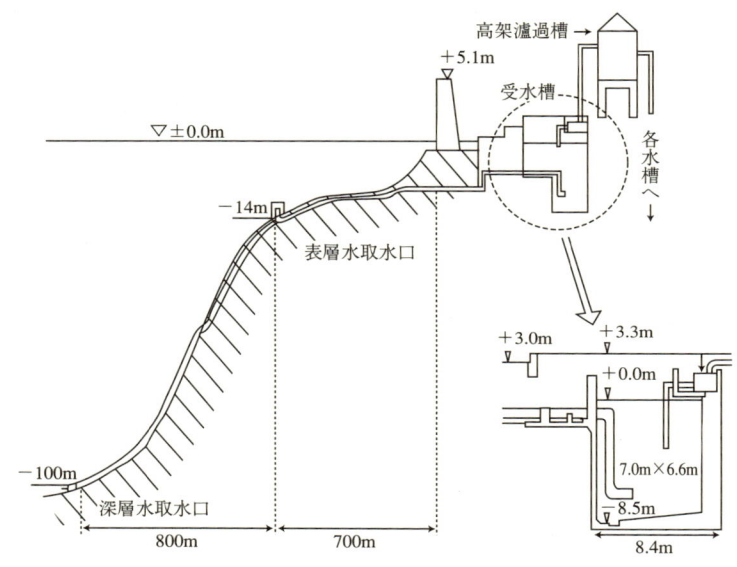

図2・1　近畿大学水産研究所富山実験場の海水取水略図

揚水量は日量10,000 tで，海水温は年間を通して10～20℃の範囲にある．一方，水深14 m層海水の場合は沖合い700 mに位置する所から受水槽に導入しており，水温は6～28℃の範囲にある（図2・2）．これらの海水を用いて実施したヒラメ飼育試験の概要を紹介する[12]．供試ヒラメは1歳魚で平均体重507 gのものを，20 m³容コンクリート角型水槽（実効容量10 m³）3基にそれぞれ150尾ずつ収容した．試験区は14 m層海水（Ⅰ区），混合水（Ⅱ区：14 m層：100 m層＝1：1）および100 m層海水（Ⅲ区）の3試験区とした．水槽への注水量を5 m³/時，飼育期間を7月1日から11月7日までの130日間とし，主として水温以外の水質影響を調べるために，各試験区の飼育水温が20～23℃になるように調温した．飼料には市販のドライペレットを使用し，午前と午後の1日2回飽食量を給餌して飼育した．また，試験終了時に有眼側背肉の普通筋について一般成分分析を行うとともに，パネラー10名による肉質官

能試験を7段階評価法によって行った．

その結果，各区の平均体重はほぼ直線的に増加し，期間中の生残率は98%以上と優れていた．終了時の平均体重（g）はⅠ区；987±24，Ⅱ区；937±290，Ⅲ区；990±231となり，ⅠおよびⅢ区がⅡ区に比べて重かったが有意な区間差は認められなかった（表2・1）．終了時における普通筋の一般成分の分析結果においても，水分，粗タンパク質，粗脂肪および粗灰分に有意な区間差が見られず，粗糖質含量においてⅡ，ⅠおよびⅢ区の順に低くなった．また，筋肉の水溶性窒素含量にも有意な区間差は認められなかった．肉質官能試験の結果を図2・3に示した．外観，味および総合評価においてⅢ区が高い評点を得た．匂いはⅠ区が優れていたが，歯ごたえには有意な区間差は認められなかった．平田ら[7]は高知県室戸沖の水深320 mの深層水を用いてヒラメ稚魚を飼育

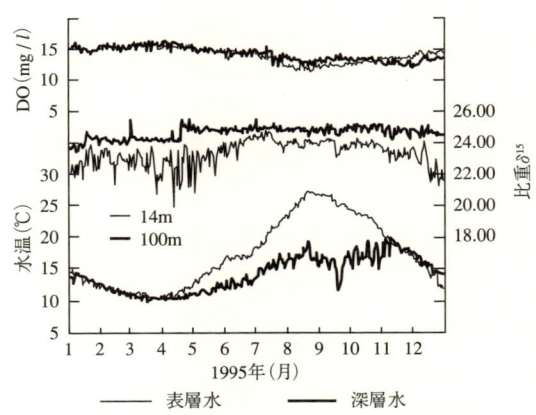

図2・2　富山実験場の表層水と深層水の年間の水質変動

表2・1　温度調節した表層水，100 m層水および混合水で130日間飼育したヒラメの養殖成績

	平均魚体重(g)	日間給餌率(%)	増重率(%)	飼料効率(%)[*1]	生残率(%)
表層水	987±240[*2]	0.67	91.45	73.52	98
混合水	937±290	0.63	82.56	71.83	98
100 m層水	990±231	0.66	94.09	74.74	99

[*1]　乾物換算値
[*2]　平均　±標準偏差（n＝150）
　　　開始時 507　±106

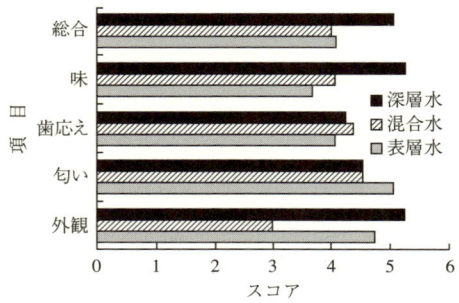

図2・3 温度調節した表層水，深層水および混合水で飼育したヒラメの肉質官能実験．

した結果，表層水区との間で生残率および成長に区間差は見られなかったものの，深層水区では筋肉の白さおよび歯ごたえが，表層水区では旨味の強さがそれぞれ優れていたことを報告している．

本飼育実験では100 m層海水でヒラメを飼育しても，成長その他の飼育成績に悪影響を及ぼさないことが示された．100 m層海水の細菌数は14 m層海水の約1/10程度と少なく，7月における硝酸態窒素およびリン酸態リン含量が著しく高かった（表2・2）．

表2・2 表層水と100 m層水の細菌数と水質

	栄養塩（μ g atoms / l）			クロロフィルa	総細菌数
	NO_2-N	NO_3-N	PO_4-P	（μ g / l）	(CFU / ml)
100 m層水					
7月	0.220	2.060	3.233	0.00	1.80×10^3
9月	0.161	0.376	0.031	0.00	4.00×10^2
表層水					
7月	0.222	0.239	0.040	0.12	6.80×10^4
9月	0.161	0.223	0.049	0.24	1.80×10^3

富山実験場 1995

また，飼育水の比重はⅠ区が低く，Ⅱ区およびⅢ区の順に高く維持されていた．本実験でⅢ区の筋肉の味が最も優れていたのは，高比重の100 m層海水飼育下で浸透圧調節のために筋肉の水溶性窒素含量が増加したことに関連していると推測される（アミノ酸は筋肉の水溶性窒素の主要構成成分であり，味に直接関与する物質である）．また，混合水で飼育したⅡ区の成長および飼育成績が若干劣っていた原因として，14 m層海水起源の細菌数および細菌相が100 m層海水の混合により変化し，ヒラメにとって好ましくない影響を与えた可能性が考えられるが，これらの点について今後詳細に検討する必要がある．しかしながら，100 m層海水飼育によって養殖魚の品質が向上する可能性が示され

たことは大変興味深い.

§2. トラフグ (*Takifugu rubripes*)

トラフグでは, 深層水の低温性と清浄性を利用して無病採卵を行うことを目的としたトラフグ親魚飼育, 早期採卵, およびその卵を用いた種苗生産に関する研究が行われている[13, 14]. また, トラフグ養殖において発生して被害をもたらす疾病にウイルス性疾病や寄生虫症があるが, これらを克服するための1つの対策として陸上水槽養殖法が進められており, その飼育水に表層水と深層水を混合したものを用いることにより, 容易な最適水温の維持が良好な飼育成績につながっている. なお, 完全な病原体フリーの親魚および卵の確保に向けては, 従来の掛け流し法ではなく, 深層水を利用した外海から隔離された閉鎖循環濾過水槽による養殖法技術の進歩も期待される.

§3. 深海性魚類

3・1 メダイ (*Hyperoglyphe japonica*) [15]

メダイは, 北海道以南, 日本各地, なかでも島の多い関東, 静岡県, 長崎県の沖合海域に多く分布することが知られている[16]. メダイは幼魚期には海面の流れ藻について生息し, 成長に伴って深部に移動し, 全長1 mを超えると150〜400 mに生息する魚類である. メダイは夏季高水温期の飼育が困難で, 25℃以上で飼育すると斃死が見られる. 深層水を用いた魚類飼育実証試験として高知県海洋深層水研究所において日本で最初に実施された. 低水温の深層水を利用することによって水温を17〜18℃にコントロールした陸上水槽での飼育事例を紹介する. 供試魚は天然種苗で試験開始時の平均全長21.1 cmおよび平均体重248 gのものが, 1年6ヶ月後に全長57.5 cmおよび体重3.1 kg, さらに4年間の飼育ではそれぞれ59.4 cmおよび5.7 kgとなり, 天然の場合と概ね同様な成長が見られた (図2・4). 24尾で飼育開始したメダイ幼魚が約4年後には2尾となり生残率は8.3 %であった. 4年魚に達したメダイで体重6.1 kgのものには生殖腺の発達が見られ, 深層水を用いれば陸上水槽においてメダイが成熟年齢まで飼育できる可能性が示唆された[7]. 4年間の飼育期間中に最も多かった死亡原因は, 眼球の突出や白濁を伴う生理障害であり, それによる斃死は

80％を占めた．この生理障害の原因として，メダイの生息域の高水圧および低酸素環境下とは著しく異なる陸上水槽での飼育によって生理不全を起こしたのではないかと考えられている[17]．

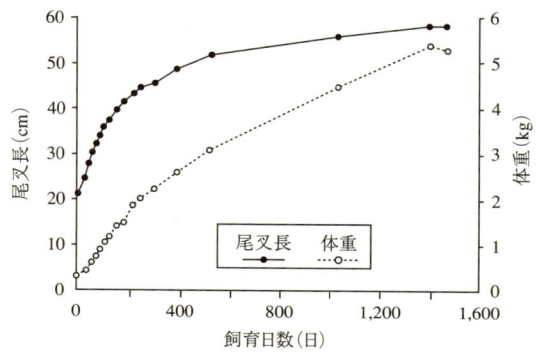

図2・4　海洋深層水で飼育されたメダイの成長[15]

3・2　マダラ（Gadus macrocephalus）

マダラ種苗生産に用いる受精卵は天然親魚に依存しているが，その漁獲量の激減から良質卵を安定確保する上においても，親魚養成の技術開発が急務とされている．そうした中，富山県水産試験場および日栽協能登島事業場（現，独立行政法人水産総合研究センター能登島栽培漁業センター）において，深層水を利用して周年に亘る天然親魚および人工種苗の飼育試験が共同で進められた．1997年度の天然親魚を用いた事例では，1年間育成して生き残った8尾のうち1尾が自然産卵（総産卵数約234万粒）し，少量の受精卵から600尾が孵化した．このように，成熟はするが良質な受精卵を大量確保するまでには至らなかった．しかし，日長調節によってマダラの成熟時期を早期化させることが可能であり，それが受精率に大きな影響を与えたことが報告されている．人工種苗当歳魚の育成では平均体重2.5 gのものが約10ヶ月目で平均全長29.5 cm，平均体重278.3 gに成長し，生残率は15.3％であった．さらに，1年8ヶ月目ではそれぞれ46.2 cm，1,069 gとなり，成熟が確認されている．

3・3　ハタハタ（Arctoscopus japonicus）

日本海のハタハタ（図2・5）は，通常，水深200〜300 m域に生息し，同一産

卵場に回帰する特性をもつことが知られている．産卵は冬期に水深 4 m 以浅の岩礁域の藻場で行なわれ，卵塊として産みつけられる．産卵数は 1 歳魚で約 600 粒，卵の直径は約 3 mm で，孵化仔魚は全長 13 mm である[18]．富山湾においては 12 〜 1 月に成熟魚が沿岸で漁獲され，高価格で取引され

図 2・5　海洋深層水を用いて孵化仔魚から育成に成功したハタハタ 2 歳親魚（富山水産試験場提供）

ている．しかし，近年その漁獲量が著しく減少したため，大量人工種苗放流が要望されている．富山県水産試験場では深層水を用いて受精卵を安定的に確保するための人工採卵用の親魚を育成する研究に取り組んだ．その結果，本種の人工種苗の飼育が可能であることが確認され，種苗生産されたハタハタ 1 歳魚から親魚養成が可能であることも明らかにされた[19-22]．

§4. 冷水性魚類

4・1　ホシガレイ（*Verasper variegates*）

　ホシガレイは，本州では岩手県南部から福島県の三陸沿岸と瀬戸内海，九州西部海域で主に漁獲される．しかし，資源量が少ない上に近年はその減少が著しく，魚価はヒラメの数倍するといわれている．そのようなことから，栽培漁業対象種として注目され，岩手県，福島県，愛媛県，長崎県などで放流が行なわれている．深層水を用いたホシガレイの親魚飼育および種苗生産の研究は若干なされているが，養殖に関する研究はほとんど見当たらない[23]．渡辺ら[24]は平均体重 7 g の人工種苗を 21 ヶ月間飼育し，表層水と深層水を混合する方法で温度調節して生残率 94 ％という好成績を得ている．また，約 2 歳で成熟が認められ自然産卵および人工受精による採卵にも成功している．一方，近畿大学水産研究所富山実験場では 100 m 層海水を用いてホシガレイの成長に及ぼす飼育水温の影響に関する研究を実施してきたのでその一部を紹介する．ホシガ

レイ当歳魚（平均体重10.8 g）および1歳魚（平均体重379 g）を供試し、飼育水温の異なる（18, 21, 24および27℃）4試験区を設けて100日間飼育した．当歳魚および1歳魚の水温別飼育における平均体重および生残率の推移を図2・6および2・7に示した．また，100日間の飼育結果をまとめて表2・3に示した．これらから，当歳魚で成長が優れていたのは21℃区で，次いで18℃および24℃がほぼ同値，27℃区は最も悪かった．生残率は水温が高くなるほど

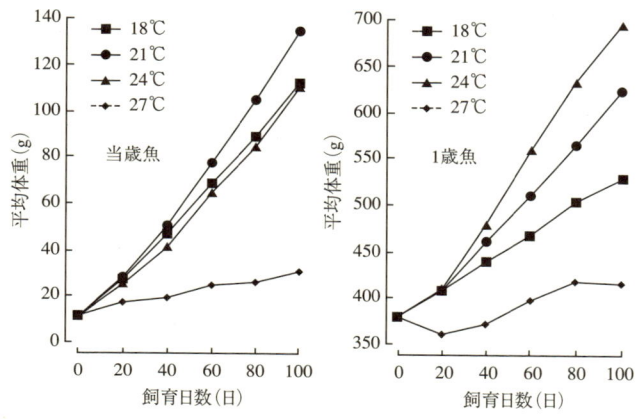

図2・6　温度調節した100 m層水で飼育したホシガレイの平均魚体重の変動

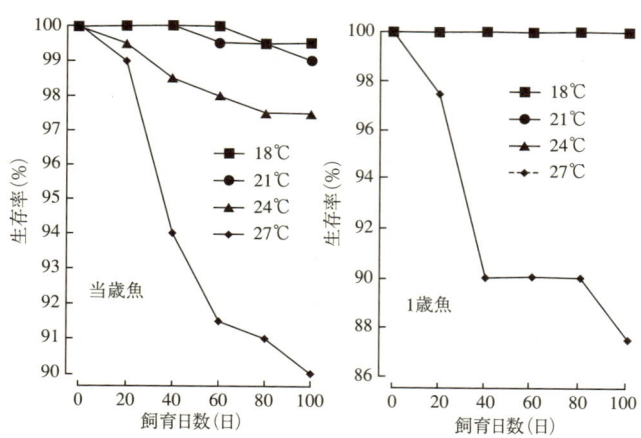

図2・7　温度調節した100 m層水で飼育したホシガレイの生残率

表2・3 温度調節した100 m層水で飼育した当歳魚ホシガレイの水温別飼育結果

実験区	18℃	21℃	24℃	27℃
生残率（%）	99.5^a	99.0^a	97.5^a	90.0^b
開始時平均魚体重（g）	10.8	10.8	10.8	10.8
終了時平均魚体重（g）	111.7^a	133.9^b	110.5^a	30.5^c
日間摂餌率（%）	1.15^a	1.18^a	1.27^b	1.68^c
飼料効率（%）	143.0^a	143.7^a	129.2^b	53.7^c
増肉係数	0.70^a	0.70^a	0.77^a	1.86^b
日間増重率（%）	1.65^a	1.70^a	1.64^a	0.96^b
肥満度	25.6^a	25.2^a	26.5^b	26.2^b

^{abc} 異なる文字間には有意差あり（$p < 0.05$）

低くなる傾向を示し，27℃区は特に低かった．以上の結果から，当歳魚の飼育適水温は18〜24℃付近にあることが示唆された．一方，1歳魚における100日間の飼育結果をまとめて表2・4に示した．その結果，成長が最もよかったのは24℃区で，次いで21℃，18℃，27℃区の順であり，中でも27℃区は極端に成長が悪かった（図2・8）．生残率は27℃区のみが87.5％と低く，その他は100％であった．以上の結果から，1歳魚においても飼育適水温は18〜24℃の範囲にあることが確認され，本種の養殖における夏期の高水温回避対策として，深層水と表層水の混合水の利用による温度調節は有効と考えられる．また，ホシガレイ養成親魚の成熟，産卵制御，採卵方法などに関する知見が少なく良質卵の確保が困難であり，その種苗生産も必ずしも安定していない[25, 26]．そこで，100 m層海水と表層水などを用いて稚魚から養成したホシガレイ2歳，3歳および4歳親魚から人工採卵を試み，何れの年級群においても採卵は可能で

表2・4 温度調節した100 m層水で飼育した1歳魚ホシガレイの水温別飼育結果（飼育期間100日）

実験区	18℃	21℃	24℃	27℃
生残率（%）	100.0	100.0	100.0	87.5
開始時平均魚体重（g）	379.4	379.5	379.7	379.6
終了時平均魚体重（g）	528.3^a	623.4^b	693.1^b	415.5^c
日間摂餌率（%）	0.37^a	0.46^{ab}	0.60^b	0.38^{ac}
飼料効率（%）	87.32^a	99.28^a	96.36^a	22.43^b
増肉係数	1.15^a	1.01^a	1.04^a	4.46^b
日間増重率（%）	0.32^a	0.48^{ab}	0.58^b	0.09^c
肥満度	25.0^{ab}	25.5^{ab}	27.5^a	24.2^b

^{abc} 異なる文字間に有意差あり（$p < 0.05$）

図2・8 温度調節した100 m層水で飼育した当歳魚ホシガレイの水温別飼育試験

あるが，大量に良質卵を確保するには4歳魚が優れていることを確認した[27]．

4・1 マツカワ（*Verasper moseri*）

マツカワ（図2・9）は若狭湾，茨城県以北からオホーツク海南部，千島列島の沿岸に分布する大型魚で，ヒラメに匹敵する高級魚である．また，低水温でも成長がよいことから栽培漁業対象種としても期待されている[28-30]．深層水を用いたマツカワの養殖に関する研究はほとんど見当たらない．そこで，近畿大学では100 m層海水を用いてホシガレイと同様にマツカワの成長に及ぼす飼育水温の影響に関する研究を実施してきたので，その一部を紹介する．

図2・9 マツカワ1歳魚

マツカワ1歳魚（平均体重約470.8 g）を供試し，飼育水温の異なる試験区15，18，21および24℃の5区を設けて100日間飼育した．試験期間中の平均体重および生残率を図2・10および2・11に示した．また，100日間の飼育結果をまとめて表2・5に示した．これらの結果から，成長が最も優れていたのは18℃区で，次いで21，24，15℃区の順であった．生残率は15および21℃区が100％

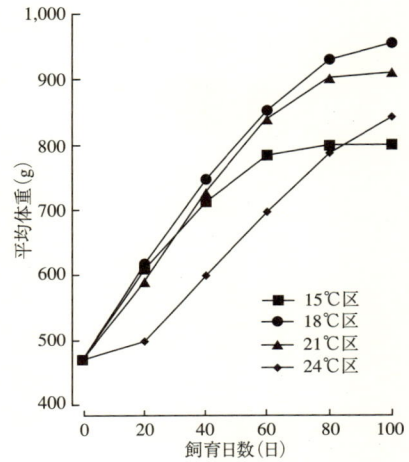
図2・10 温度調節した100 m層水で飼育したマツカワ1歳魚の水温別平均魚体重への水温の影響

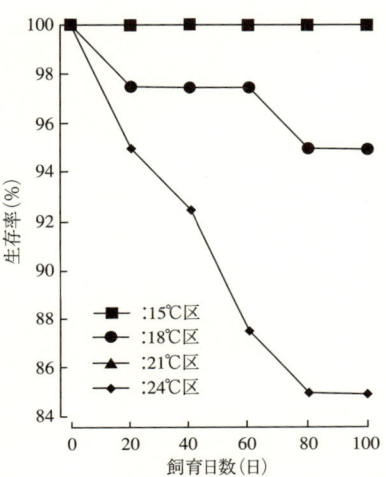
図2・11 温度調節した100 m層水で飼育したマツカワ1歳魚の生残率への水温の影響

表2・5 マツカワ1歳魚の水温別試験結果

実験区	15 ℃	18 ℃	21 ℃	24 ℃
開始時平均魚体重（g）	469.8 ± 58.2	470.0 ± 57.2	469.9 ± 55.9	469.8 ± 56.6
終了時平均魚体重（g）	804.4 ± 161.9^a	958.4 ± 242.3^b	913.7 ± 225.1^{ab}	845.4 ± 116.3^{ab}
生残率（％）	100.0	95.0	100.0	85.0
日間成長率（％）	0.53^{ab}	0.67^a	0.64^{ab}	0.52^b
日間給餌率（％）*	1.8	2.1	2.2	2.0
飼料効率（％）	29.2^{ab}	32.7^a	29.4^{ab}	25.8^b
増肉係数*	3.4^a	3.1^a	3.4^a	3.9^b
肥満度	28.5^a	30.8^{ab}	30.8^{ab}	33.7^b

実験期間：1997年7月21日〜10月28日（100日間）
* 湿物換算
^{ab} 異なる文字間には有意差あり（$p < 0.05$）

で，18℃区が95％，24℃区は85％であった．なお，試験開始時には27℃区も同様に設けたが，開始後10日間で過半数以上が斃死したので，試験区を中止した．以上の結果からマツカワの飼育適水温は18〜21℃の範囲にあることが確認された．

以上のように，冷水性魚類であるホシガレイやマツカワの養殖においては，通常の沿岸水を利用した場合には夏季の高水温期に飼育成績が著しく低下する

可能性が高く，そのような地理的条件にあっても深層水を利用することによってこれらの冷水性魚類の養殖が可能になる可能性が示唆された．

§5. 今後の展望

深層水の清浄性，低水温性および水質の安定性といった3大特徴を生かした，深層水を利用した魚類の飼育に関する実証試験は試みられているが，養殖産業規模での利用についてはまだほとんど見られないのが現状である．今日の魚類養殖は生産過剰，バブル経済の崩壊による市場価格の低迷，輸入魚との競合，魚病発生の増加などにより危機的状況下にあり，冷水性魚類および深海性魚類などを含む新しい養殖対象種の開発も望まれる．さらに，養殖魚の品質改善および薬剤を使用しない安心安全な養殖魚生産の必要性が叫ばれており，養殖履歴（トレーサビリティ・システム）の構築が急務ともなっている．そうした中，清浄性，低水温性および水質の安定性を備えた深層水は，今後の養殖漁業の発展に大きく貢献するポテンシャルを備えており，魚類飼育の更なる実証と生産性（産業性）を踏まえた21世紀型海洋深層水魚類養殖法への展開が期待される．

文 献

1) 原田輝雄：ブリの増殖に関する研究－特にいけす網養殖における餌料と成長との関係，近大水研報, 1, 1-275 (1966).

2) 熊井英水：水産増養殖システム 海水魚, 恒星社厚生閣, 2005, 323pp.

3) 熊井英水：21世紀の水産を考える－海産魚類給餌養殖の立場から－, 日本水産資源保護協会, 444, 2-7 (2002).

4) 中島敏光・豊田孝義・山口光明：海洋深層水利用技術の研究概要と栽培漁業分野への応用，水産振興, 302, 36-46 (1993).

5) 富山湾深層水利用研究会：21世紀の資源富山湾深層水, 桂ブックレットNo.3, 2001, 111pp.

6) 村田 修：近畿大学富山実験場における水深100m層海水の利用，月刊海洋／号外, 22, 204-208 (2000).

7) 平田龍善・志田 修：深層水による魚類の飼育, 月刊海洋, 26, 168-172 (1993).

8) 岡村雄吾：深層水を用いたヒラメ養殖実証試験, 高知県海洋深層水研究所報, 4, 12-25 (2000).

9) 渡辺 貢・土井 聡：海洋深層水利用ヒラメ高密度飼育試験，同誌, 5, 85-87 (2001).

10) 林 芳弘：海洋深層水利用節水・高密度ヒラメ飼育試験，同誌, 5, 88-91 (2001).

11) 堀田和夫：深層水有効利用開発研究aヒラメ優良親魚養成試験，富山県水産試験場年報, 81-82 (1996).

12) 村田 修・高橋範行・亀島長治・矢田 茂・来田秀雄・熊井英水：深層水によるヒラメの飼育, 近大水研報, 5, 125-130 (1996).

13) 渡辺 貢：トラフグ養成親魚からの採卵・

種苗生産試験, 高知県海洋深層水研究所報, 5, 76-80 (2001).
14) 安藤裕章・菊池達人：トラフグの超早期採卵とその卵を用いた種苗生産技術の開発, 同誌, 6, 25-31 (2002).
15) 上野幸徳・山中弘雄・山口光明：深層水によるメダイの飼育について, 月刊海洋, 26, 172-175 (1994).
16) 落合 明・田中 克：魚類学（下）, 恒星社厚生閣, 1986, pp.
17) 楠田理一・川合研児：深層水飼育魚における病気の発生と予防, 月間海洋, 26 (3), 159-162 (1994).
18) 杉山秀樹：ハタハタの産卵および初期生活史を中心にした生態, 日本水産学会東北支部会報, 38, 7-8 (1988).
19) 堀田和夫：ハタハタ親魚養成に関する技術開発研究, 平成9年度富山県水試年報, 70-73 (1998).
20) 堀田和夫：ハタハタ親魚養成に関する技術開発研究, 平成10年度富山県水試年報, 50 (1999).
21) 堀田和夫：ハタハタ親魚養成に関する技術開発研究, 平成11年富山県水試年報, 51-54 (2000).
22) 森岡泰三・堀田和夫：海洋深層水で飼育されたハタハタの成熟と産卵, 海洋深層水研究, 2 (1), 65-71 (2001).
23) 鍋島 浩・林 芳弘・渡辺 貢：海洋深層水を用いたホシガレイ種苗生産 I, II, III, 高知県海洋深層水研究所報, 5, 67-75 (2002).
24) 渡辺 貢：海洋深層水を使用した魚類飼育, 月刊海洋号外, 22, 62-68 (2000).
25) 山雅 浩・涌井邦浩・磯上孝太郎・長田明・菊池正信：ホシガレイの天然親魚を用いた人工採卵結果, 福島県水産種苗研究所平成4年度事業報告, 12-13 (1994).
26) 清水考昭・伊藤冬樹：ホシガレイ種苗生産, 愛媛県中予水産試験場平成6年度事業報告, 86-89 (1995).
27) 高橋範行・村田 修・亀島長治・矢田 茂・植田嘉造・熊井英水：ホシガレイ養成親魚の人工採卵と卵管理水温, 近大水研報, 7, 43-49 (2000).
28) 高丸禮好：マツカワ栽培漁業の展望, 漁村, 57 (6), 90-91 (1991).
29) 佐藤悦男：特産養殖成功の決め手, 特集マツカワ, 月刊養殖, 34 (4), 60-63 (1997).
30) 山野目健・大森正昭・金辻宏明・河原栄二郎：マツカワにおける雌特異性血清蛋白の周年変化とLHRHaコレステロールペレットの産卵促進効果, 岩手県水産技術センター研究報告, 1, 13-19 (1997).

3. トヤマエビの種苗生産

渡 辺 孝 之*

　富山湾の海底地形は，急深で沿岸から数km沖合では，水深が200～300 mに達する．それ以深では，日本海固有水と呼ばれる巨大な冷水塊（海洋深層水）が存在し，トヤマエビ，マダラおよび深海性バイ類など多くの冷水性生物が生息している．

　富山県水産試験場（以下「富山水試」）では，1996年に水深321mから海洋深層水（以下，深層水）を汲み上げる取水施設および飼育施設を有する深層水利用研究施設の完成とともに，冷水性生物の種苗生産などに関する研究体制が整った．これまでに冷水性生物の種苗生産研究対象種として，魚類ではアンコウ，ハタハタおよびマダラを，甲殻類ではトヤマエビを取り上げてきた．ここでは，1996～2004年まで（独）水産総合研究センター小浜栽培漁業センター（以下「水研センター」；旧（社）日本栽培漁業協会小浜事業場）と共同で実施した深層水を利用したトヤマエビの種苗生産について紹介する．

　トヤマエビ*Pandalus hypsinotus*は，一般にボタンエビ（標準和名のボタンエビ*Pandalus nipponensis*は同属別種である）と呼ばれ，福井県以北の日本海，オホーツク海，ベーリング海を経てアラスカ沿岸に至る北太平洋一縁に分布する冷水性のエビである．富山湾では水深200～400 mに生息し，ホッコクアカエビ*Pandalus eous*とともに富山湾で漁獲される冷水性エビ類の代表種となっている．富山県の産地市場におけるトヤマエビの年間水揚げ量は，1962～1963年の2年間で150 tを超える漁獲があった[1]が，最近では約10 t前後で推移し，著しく減少している．このことから，富山水試ではトヤマエビ資源の回復および増大をめざし深層水を利用した種苗生産技術の開発に取り組んだ．

---

* 富山県水産試験場

§1. 種苗生産
1・1 親エビの入手

　種苗生産に使用する親エビは，体長がほぼ14 cmを超える生後4年以上経過したと考えられる雌で，腹肢に幼生の孵出が間近の卵を抱卵している個体（以下「抱卵雌エビ」）である．これまで，富山水試では例年2～3月に石川県志賀町の石川とぎ漁業協同組合および富山県滑川市の滑川漁業協同組合の市場（以下「とぎ市場」および「滑川市場」）に水揚げされる抱卵雌エビを親エビとして使用してきた．しかし，これらの水揚げ量は，年により変動があるため，毎年の入手尾数が不安定な状態となっている．また，富山水試では，種苗生産に必要な幼生を得るための抱卵雌エビの尾数は100～150尾（1尾の抱卵数が8,000粒として800,000～1,200,000粒）と考えているが，入手した抱卵雌エビの抱卵状況により得られる幼生数が左右されることが問題となっている．図3・1にこれまでの抱卵雌エビの入手状況を示した．

　2003年には種苗生産に供する幼生を補充する目的で，北海道余市産の抱卵雌エビを新千歳空港から富山空港まで空輸して富山水試へ搬入した．1996年と2004年に使用した滑川市場に水揚げされた抱卵雌エビ，および1996～2004年に使用したとぎ市場に水揚げされた抱卵雌エビについては，選別後に富山水試へ搬入した．

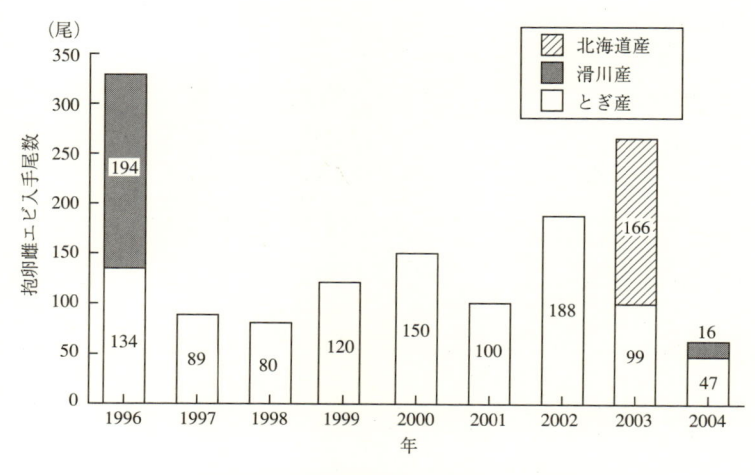

図3・1　親エビ入手尾数の推移（1996～2004年度）

1・2 幼生の採取(採苗)

搬入した抱卵雌エビは，5 m³FRP水槽(400×145×90 cm；水量約4 m³)へ収容し，深層水のかけ流し下(水温約3℃)で幼生を孵出させた．採苗期間中にはこれらの個体に餌料としてホッコクアカエビやスルメイカの切り身を与えた．図3・2に幼生採集装置を，図3・3に搬入した抱卵雌エビから採集された幼生数および種苗生産に供した幼生数の1996～2004年における推移を示した．

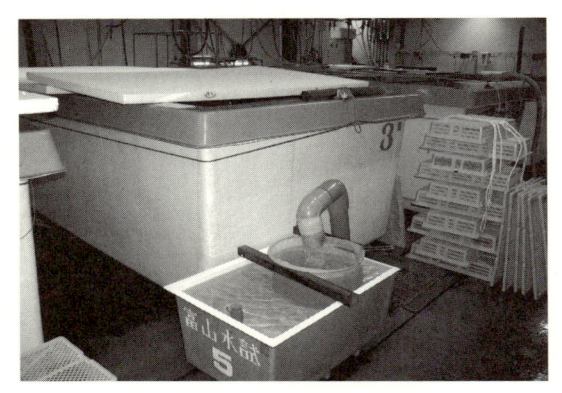

図3・2 幼生採集(採苗)装置

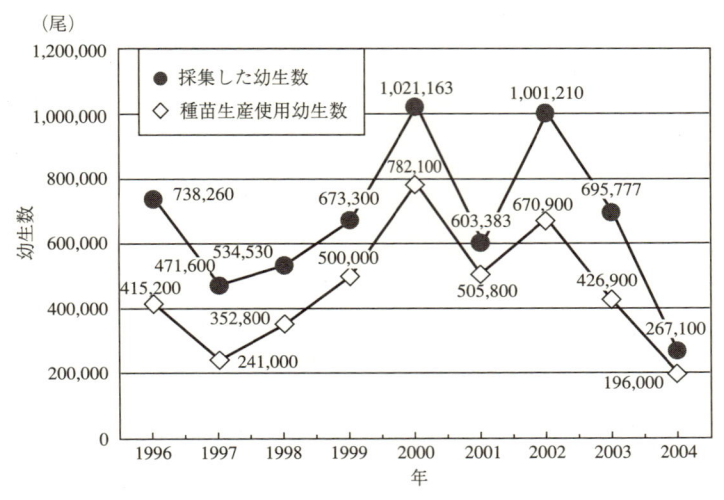

図3・3 抱卵雌エビから採集した幼生数と種苗生産に供した幼生数

卵から孵出した幼生は，抱卵雌エビを収容した水槽の飼育水中を浮遊し，排水とともに流出するため，水槽の排水部に幼生採集ネット（目合70目）をセットし，それらを排水とともに受ける方法で採集を行った．また，幼生の計数のためには，採集したすべての幼生を深層水の入った容器（1,000 ml）に収容し，攪拌後，そこから100 ml を採取しその中の幼生数を計数し，容器中の幼生数を推定した．1996〜2004年における各年の種苗生産に使用した幼生数は，各年に採集した幼生数の51.1〜83.8％の範囲であった．

1・3　幼生から全長23mmまでの飼育（前期飼育）

飼育は，採集した幼生を以下に述べる各種水槽に収容して開始した．収容尾数の目安は，飼育水1 m^3 当たり20,000尾とした．飼育水槽は，5 m^{3}FRP水槽（前述），7 m^3 コンクリート水槽（200×450×95 cm）および25 m^3 コンクリート水槽（530×530×100 cm）を用いた．飼育水は，深層水と表層海水を用いてかけ流しとした．幼生は，深層水中で卵から孵出するが，そのまま継続飼育すると幼生の成長速度が遅くなることや，天然海域において，トヤマエビの幼生が水温10℃前後の水深から採集されていることから，飼育水槽へ収容した後は，水温を10〜12℃に設定した．富山湾における表層水温は，トヤマエビの飼育を開始する3月中旬から下旬では10℃前後である．したがって，飼育開始時は，表層海水のみを使用し，その後，4月下旬から5月にかけて表層海水の水温が12℃を超える頃には深層水を混合して飼育水温を調節した．

トヤマエビは，ゾエア幼生（ゾエア1期）として卵から孵出し，全長は約5 mmである（図3・4）．強い走光性を示すとともに水面近くに蝟集し，遊泳肢を用いて懸垂状態で遊泳する．その後，5〜6日間隔で脱皮を繰り返しゾエア6期に成長し，さらに遊泳肢がなくなり稚エビ（全長約13 mm）に変態する[2]．これまでの前期飼育の結果から把握した飼育期間中における飼育個体の成長（ゾエア1期〜稚エビ）を図3・5に示した．

トヤマエビの幼生は，孵出直後から餌を摂餌するため，餌料としてアルテミア孵化幼生を与えた．給餌量の目安は，飼育水1 ml 当たりのアルテミア孵化幼生密度を3〜5個体に維持するようにした．また，給餌は，生後約40日目頃まで行った．さらに，市販の配合飼料（以下「配合飼料」；初期飼料協和（協和発酵工業株式会社製））を生後14〜15日目頃（ゾエア3〜4期）から約2

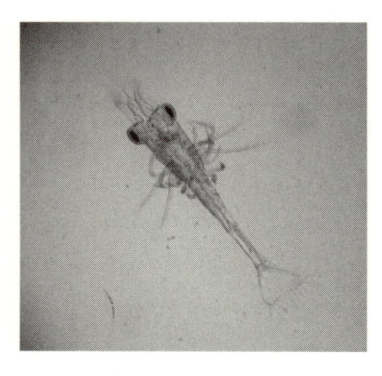

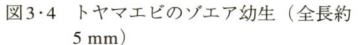

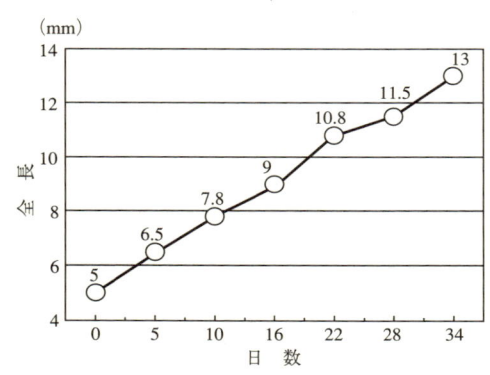

図3・4 トヤマエビのゾエア幼生（全長約5 mm）

図3・5 トヤマエビ幼生の前期飼育時における全長

ヶ月間（前期飼育終了まで）与えた．配合飼料は，飼育エビの摂餌状況を観察し，残餌があまり出ないように給餌した．

ゾエア3期までは，飼育水槽中を浮遊する個体が多いが，それ以降では飼育水槽の底面や側面に定位する個体が多くなる[3]．そこで，飼育個体の生息場所を確保するため，飼育水槽中に長さ1.5 mの人工海藻（図3・6）を垂下した．使用した本数は，5 m^{3}FRP水槽では60本，10 m^{3}コンクリート水槽および25 m^{3}コンクリート水槽では80本であった．図3・7に人工海藻を垂下した飼育水槽を示した．

図3・6 人工海藻（キンラン）

図3・7 人工海藻を垂下した飼育水槽

飼育水槽の底掃除は，水槽底に残餌や糞が溜まった際に適宜実施した．残餌や糞を放置すると飼育水槽内で細菌類の増殖を助長し，飼育環境に悪影響を及ぼす危険性があるため，底掃除の励行は，必要不可欠である．

飼育開始から約2ヶ月後の6月上旬には，飼育個体の放流を行うため，飼育個体の取り上げを行う．取り上げ時における生残尾数の把握は，取り上げた全尾数の総体重を1尾当たりの体重で除して算出した．1尾当たりの体重は，飼育水槽から任意の尾数を数回採取し，各々，総体重を尾数で除して各回の1尾当たりの体重を算出しそれらの平均を用いた．

表3・1に1996～2004年度の前期飼育結果[4]を示した．

表3・1 これまでの前期飼育結果（1996～2004年度）

年度	収容尾数（尾）	生産尾数（尾）	生残率（％）	平均全長（mm）	飼育日数（日）
1996	415,200	171,700	41.4	29.0	87
1997	241,000	130,800	54.3	26.6	73～84
1998	352,800	191,600	54.3	27.4	77～88
1999	500,000	322,500	64.5	23.0	71～79
2000	782,100	449,980	57.5	20.2	74～80
2001	505,800	349,400	69.1	23.0	65～79
2002	670,900	366,340	54.6	23.3	67～75
2003	347,800	166,200	47.8	23.6	48～82
2004	196,000	106,500	54.3	28.1	71～89

前期飼育では，飼育開始時の幼生収容密度を約20,000尾/m^3に設定し，アルテミア孵化幼生と配合飼料を用い，約2ヶ月間の飼育を行うと全長で約23～25 mm程度に成長することが明らかとなった．また，その時点における飼育個体の生残率は約50～60％になると考えられた．

1・4 全長23 mm以降の飼育（後期飼育）

1996～1999年度までは，前期飼育で生残した個体は，すべて富山湾に放流してきた．しかし，2000年度からは，大型の放流種苗を育成するために前期飼育で得られた個体の一部を継続して翌年5月上旬まで飼育した（後期飼育）．以下に，2000～2003年度の飼育結果[5]を紹介する．

飼育には，30 m^3キャンバス水槽（直径5.82 m，深さ1.15 m；図3・8）1面を使用した．飼育水は，前期飼育と同様に調温した．飼育に使用した餌料は，配合飼料のみであった．給餌は原則として，毎日午前9時頃と午後16時30分

図3・8　キャンパス水槽（30 m³）

頃の各1回，残餌があまり出ないよう調節して行った．飼育水槽内には，人工海藻を120～300本垂下した．飼育水槽の底掃除は，水槽底に残餌などが目立った場合に前期飼育時と同様に行った．また，飼育個体の体長，体重の測定および生残尾数の計数を2ヶ月に1回行った．飼育開始時の飼育個体の収容密度は，2000年度は平均全長15.7 mmの個体が1,430尾 / m³，2001年度は平均全長22.6 mmの個体が6,000尾 / m³，2002年度は平均全長23.3 mmの個体が2,000尾 / m³，2003年度は平均全長22.6 mmの個体が3,000尾 / m³であった．

表3・2に2000～2003年度における後期飼育結果を示した．

表3・2　これまでの後期飼育結果

年度	飼育開始尾数（尾）	飼育終了尾数（尾）	飼育終了時体長（mm）	飼育終了生残密度（尾／m³）	生残率（％）
2000	43,000	9,704	57.3	323	22.5
2001	180,000	7,800	59.5	260	4.3
2002	60,000	10,600	60.3	386	17.6
2003	90,000	11,590	60.1	352	12.9

図3・9と図3・10に2000～2003年度の後期飼育における飼育個体の成長および飼育経過中における飼育水1 m³当たりの生残尾数を示した．

2000～2003年度の飼育事例から，後期飼育終了時（飼育開始約1年後）における飼育個体の体長および飼育水1 m³当たりの生残尾数は，飼育開始時（6月）の飼育水1 m³当たり収容尾数の差異にかかわらず，前者では約60 mmに成長し，後者では約300尾 / m³になることが明らかとなった．したがって，飼育開始時の収容密度は1,500～3,000尾 / m³程度に設定することが適当であると考えられる．

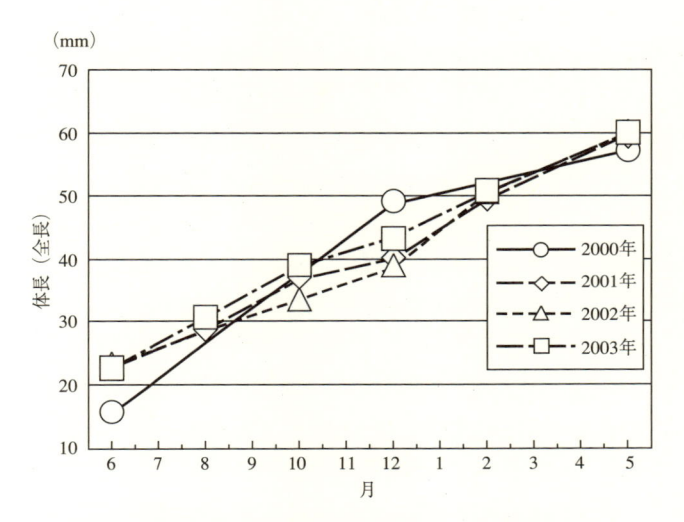

図3・9　後期飼育における成長（6月は全長，その他は体長を示す）

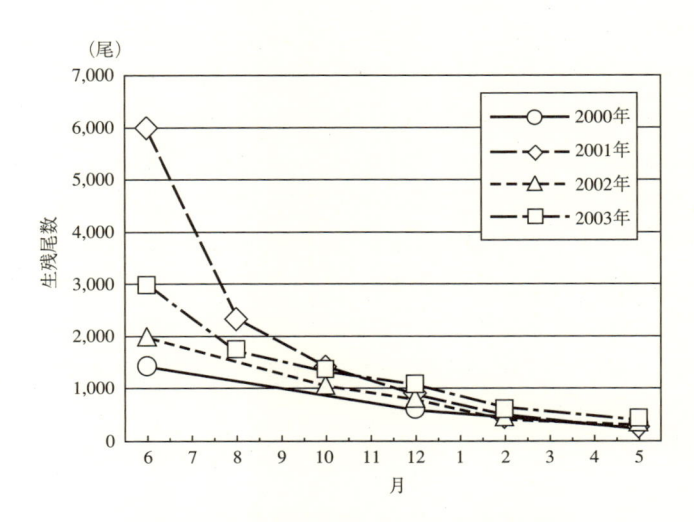

図3・10　後期飼育における飼育水1t当たりの生残尾数

§2. 抱卵雌エビからの再採苗
2・1 抱卵雌エビの再飼育（再抱卵）

　前述したように，種苗生産に使用する幼生の確保は，抱卵雌エビの水揚げ量に左右される．富山水試では，一度採苗に用いた抱卵雌エビを継続飼育すると，それらの一部は当該年に卵巣が再び成熟し，翌年の産卵期に雄エビと交尾後，再抱卵するとその7～10ヶ月後に幼生を孵出することを確認している．そこで，一度採苗に用いた抱卵雌エビから再度，種苗生産に利用できる尾数の幼生を得ることができるか否かを検討するために，採苗後から継続飼育して再抱卵させ，再度幼生を得る試験を行った．以下にその概要について述べる．

　2002年3～4月の採苗に用いた抱卵雌エビ60尾（体長13.7～18.6 cm）を2002年6月14日に30尾ずつ2群に分け，各々天然産雄エビ15尾（体長9.8～11.3 cm）とともに1 m³ FRP水槽2面に収容し，深層水（水温約3℃）のかけ流し下で飼育した．使用した2水槽のうち，一方にはホッコクアカエビ，スルメイカなどの生餌（以下「生餌」）を，もう一方の水槽には配合飼料を砕いてゼラチンで固めたものを餌料として与えた．給餌は1週間に2回行い，各回の給餌量は，各水槽に収容したエビ総体重の15～20％とした．これらのうち，2003年5～8月に生餌を与えた水槽では8尾が，配合飼料を与えた水槽では6尾が再抱卵した．これらの再抱卵個体を2003年11月6日から1尾ずつアクリル水槽（20×35×25 cm）へ収容し，深層水のかけ流し下で，生餌を1週間に1回ほぼ飽食量を給餌し，幼生を孵出させ，その計数を行った．また，再抱卵した個体と天然産抱卵個体の孵出幼生数を比較するために，2003年10月に富山湾で漁獲された天然産抱卵個体1尾を同様に飼育した．

2・2 再抱卵した雌エビからの採苗

　表3・3と表3・4に再抱卵個体の抱卵時における体重，抱卵月，幼生が孵出した期間および孵出幼生数を示した．また，表3・5に天然産抱卵個体の漁獲時の体重，幼生が孵出した期間および孵出幼生数を示した．

　生餌を与えて再抱卵した8尾からは，2004年1月14日から4月18日の期間に39,998尾の幼生を得た．また，配合飼料を与えて再抱卵した6尾からは，同年1月14日から5月31日の期間に13,756尾の幼生を得た．さらに，天然産抱卵個体からは，同年3月18日から4月22日の期間に8,134尾の幼生を得た．

表3・3 生餌を与えて再抱卵した雌エビの抱卵時における体重および幼生の孵出

No.	抱卵時期	抱卵時の体重 (g)	幼生孵出期間	孵出幼生数 (尾)
1	2003年5月	89.2	2004年1月14日～2月19日	3,737
2	2003年5月	79.2	2004年1月14日～2月13日	5,923
3	2003年5月	91.4	2004年1月27日～3月5日	4,779
4	2003年5月	83.3	2004年2月11日～3月26日	1,393
5	2003年6月	78.5	2004年2月25日～4月9日	7,323
6	2003年6月	66.6	2004年2月27日～4月8日	5,909
7	2003年6月	76.5	2004年2月25日～4月8日	5,373
8	2003年7月	83.3	2004年3月16日～4月18日	5,561

表3・4 配合飼料を与えて再抱卵した雌エビの抱卵時における体重および幼生の孵出

No.	抱卵時期	抱卵時の体重 (g)	幼生孵出期間	孵出幼生数 (尾)
1	2003年5月	94.5	2004年1月14日～2月26日	416
2	2003年5月	84.9	2004年1月28日～3月11日	365
3	2003年5月	78.5	2004年1月30日～4月13日	218
4	2003年5月	83.9	2004年1月31日～5月13日	5,282
5	2003年6月	90.6	2004年3月19日～4月17日	4,174
6	2003年8月	74.3	2004年4月23日～5月31日	3,301

表3・5 天然産抱卵個体の漁獲時における体重および幼生の孵出

No.	抱卵時期	漁獲時の体重 (g)	幼生孵出期間	孵出幼生数 (尾)
1	不明	77.8	2004年3月18日～4月22日	8,134

幼生の孵出した期間は，生餌を与えて再抱卵した8尾では31〜45日間，配合飼料を与えて再抱卵した6尾では，30〜75日間および天然産抱卵個体では36日間であった．この期間における幼生の日別孵出数は，各再抱卵個体において，孵出開始から徐々に増加し，孵出開始後11〜29日目に最大となり，その後，減少する傾向にあった．今回の試験では，天然産抱卵個体からの孵出幼生数が一番多かった．また，生餌を与えて再抱卵した個体から得られた孵出幼生数の平均値は，配合飼料を与えて再抱卵した個体のそれよりも有意に多かった（生餌：$4,999 \pm 1,780$ 尾，$N=8$，配合飼料：$2,292 \pm 2,237$ 尾，$N=6$，t-検定 $P=0.01$）．

このように，一度採苗に使用した抱卵雌エビは，飼育下でも再抱卵し，その後，幼生を孵出することが確認され，種苗生産へ再利用できることが示唆された．しかし，天然抱卵と比較すると飼育下で再抱卵した個体1尾から得られる幼生数は少ない傾向にあり，一定数の幼生を確保するためには，より多くの採苗個体を抱卵させる必要がある．今後，トヤマエビの成熟および交尾に関する生理生態学的知見を集積しつつ，抱卵数を上昇させるための技術開発を図ることが，多数の幼生を得ることにつながると考えられる．

§3. トヤマエビの種苗生産における海洋深層水利用の意義

深層水は，一般に低温性，清浄性および富栄養性の3つの性状を有しているといわれている．富山水試では，この内の低温性を利用してトヤマエビの種苗生産期間における飼育水温を調整した．前述の如く，富山水試では，トヤマエビ種苗の飼育水温を10〜12℃に設定した．前期飼育を開始する3〜4月の富山湾の表層水温は10℃前後であることから，飼育水には表層海水のみを使用した．しかし，5月中旬以降には富山湾の表層水温が12℃を超えるため，深層水と表層海水を混合させ飼育水温を後期飼育期間の翌年3月まで調整した．

今後，この利用方法は，他の冷水性エビ類の幼生飼育に応用できると考えられる．また，水温1〜3℃の水深帯に生息している生物の飼育に深層水を直接使用することでそれらの生態学的知見を得ることができる．

文　献

1) 大成和久：38・39年度定着性資源生態調査報告書（昭和38・39年度富山県水産試験場事業報告書），1966，pp.84-106.
2) 村上恵祐：トヤマエビの紹介と種苗生産について，さいばい，44, 37-40（1987）
3) 吉田一範：トヤマエビ種苗生産における低水温管理飼育を用いたふ出幼生の有効利用法，同誌，99, 27-30（2001）
4) 富山県：トヤマエビ，平成16年度栽培資源ブランド・ニッポン推進事業環境調和型（甲殻類グループ）栽培漁業技術開発事業報告書，2005，pp.1-24.
5) 渡辺孝之：深海性有用生物（トヤマエビ）種苗量産技術開発研究，平成16年度富山県水産試験場年報，2005，pp.57-59.

III. 藻類培養への利用

4. 海藻類の培養

平岡雅規[*1]・岡 直宏[*2]・永松和成[*3]

　海藻養殖では，海洋深層水（以下，深層水）がもつ周年低温安定性，清浄性，富無機栄養塩性の3つの主要特性をすべて生かすことができる．周年低温安定性は水温調節コストの削減，清浄性は生物混入の抑制や配管維持費の削減，富無機栄養塩性は施肥コストの削減に，それぞれ役立つ．深層水は海藻の養殖水として理想的であるが，設備管理費や人件費がかかるため，これまでなかなか事業化に至っていなかった．しかし，陸上タンクを使う海藻養殖技術が向上し，ここ数年で大規模な海藻養殖事業が行なわれるようになった．2006年現在で実施されている事業例として，沖縄県久米島での海ぶどう（クビレヅタ）養殖と高知県室戸岬でのスジアオノリ養殖があげられる．どちらの養殖施設も2004年に完成し，稼動して2年目になる．ここでは，両者の養殖方法を解説し，実際の生産現場で生じてきている問題について述べる．

§1. 沖縄海洋深層水を用いたクビレヅタ養殖
1・1　クビレヅタ市場と従来の養殖

　近年，クビレヅタは，"海ぶどう"または"グリーンキャビア"と称され，沖縄県の名産品として全国的に知られている．店頭価格は100gパック800〜1,000円であり，食用性海藻の中では高額であるにもかかわらず，その需要は現在も上昇傾向にある．流通するクビレヅタのほとんどが養殖物であり，養殖業者は沖縄県内だけで80業者以上，また県外でも養殖業者は増加傾向にあるといわれている．このような傾向から，生産者の増加による価格の下落を懸念

[*1] 高知大学総合研究センター海洋生物研究教育施設
[*2] （株）海の研究舎
[*3] 久米島海洋深層水開発（株）

する業者も少なくないが，未だ養殖技術の問題により需要を満たすだけの生産力がないのが現状である．

フィリピンでは，以前からクビレヅタ養殖が行なわれており，日本向けには塩蔵したクビレヅタが輸出されていた．そこでの養殖は極めて粗放的な手法で，クビレヅタ藻体断片を，海水を引き込んだ屋外養殖池へ放り込んでおき，十分に生長繁殖した藻体を回収するというものである[1-3]．国内では海上および陸上水槽による養殖が行われてきたが，現在はほとんどが陸上養殖となっている．国内での海上養殖は，藻体断片をアンドン籠に結束して海中に沈め，十分に生長したところで籠を引き上げ収穫する方法がとられる[1]．陸上水槽での養殖手法は，クビレヅタの藻体断片をネットに挟み，そのネットを水槽内へ設置し，約1ヶ月後にネットから密生した直立茎を摘み取り，収穫する[2]．われわれが食用としている部位は，この直立茎部にあたる．直立茎の発生は，生育環境によって発生頻度が大きく異なり，その要因などの詳細はわかっていない．多くの養殖業者は，業者独自の養殖手法として，遮光効率や水槽への注水量を調整，また市販の液肥や魚類育成用の飼料などを海水に添加するなどの養殖に適した環境を作り出すように努力している．

1・2 海洋深層水を用いたクビレヅタ養殖

1) 施設概要

沖縄県久米島にある久米島海洋深層水開発株式会社は，クビレヅタ養殖に深層水を使用する唯一の民間企業である．深層水は同島内にある沖縄県海洋深層水研究所から分水されている．同研究所では，沖合2,300 m，水深613 mから1日当たり13,000 tの深層水と，沖合500 m，水深15 mから深層水と同量の沿岸表層水を取水している[4]．施設は約40,000 m²の土地に，事務所および製品加工室

図4·1 クビレヅタ養殖場の養殖水槽

を含む建物が1棟，養殖棟が8棟設置されている．養殖棟は，透明な波板素材で作られた温室で，縦50 m，横10 mの広さである．養殖棟8棟には合計で3t容量の養殖水槽が308基，母藻養殖水槽が28基，製品出荷用の養生水槽が14基収納されている（図4・1）．また天井には手動で遮光ネットや天窓の開閉ができるようになっており，各水槽には通気，表層水，深層水を注水する管が整備されている．さらに，この養殖施設は一度使用した海水（以下，循環水）を地下タンク・高架タンクに一度貯水し，再びクビレヅタ養殖に利用している点が大きな特徴である（図4・2）．循環水を利用することで，クビレヅタが利用しきれなかった栄養塩類を再吸収させることができ，施肥料コスト削減に繋がる．また栄養塩濃度の高い海水を，直接海へ排水しないことは，環境負荷の軽減にも繋がる．

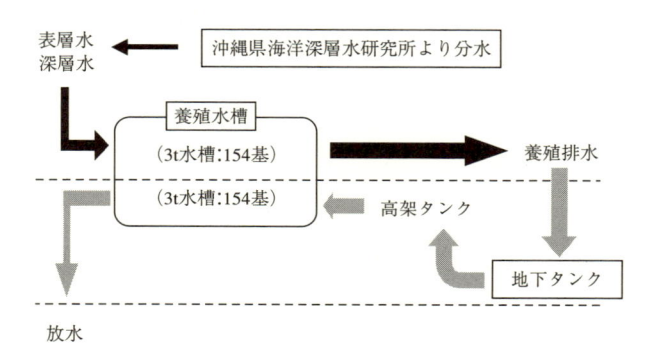

図4・2 養殖水の流路図

2）クビレヅタ養殖手法

① 母藻養殖

クビレヅタ養殖の基盤となるのは，"母藻養殖"といえる．この母藻には，製品摘み取り後に余った藻体が利用され，3 t水槽当たりに約100 kgの母藻が投入される．水槽へは，表層水や循環水を注水しながら肥料を添加し，通気して攪拌する．約1ヶ月かけて，母藻の傷修復や藻体内の栄養状態を改善させ，再生させる．

② 本養殖

再生後の母藻は，養殖水槽へ"植付け"される．植付けは，ネトロンネット

と塩化ビニルパイプで枠組みされたネット上に，母藻2.5～3 kgを均一に広げ，さらに上からネトロンネットを被せ頑丈な紐で縛り込む．3 t容量の養殖水槽内には，ネットが水面近くに留まるように，塩化ビニルパイプ製の土台が設置されている．ネットは1水槽当たり3枚設置され，1日当たり約10水槽分が植付けされる．水

図4・3 商品サイズに生長したクビレヅタ

槽へは，天候や気候に応じて表層水，深層水，循環水を注水して水温を22～25℃に保ち，水槽底部からは通気を施すことで水流を作る．またクビレヅタが必要とする栄養塩類を補充するために，2～3日ごとに魚類育成用飼料を添加している．クビレヅタはネット上を絨毯状に直立茎が密集するように生長し，ネットを設置してから約1ヶ月で製品となる大きさにまで育つ（図4・3）．本養殖時に注意することは，水温や光の調節で，特に夏季や冬季の養殖には細心の注意を払う．養殖場では，夏季の表層水水温が25℃以上と高く，また温室内で養殖しているため，タンク内の水温は30℃近くにまで昇温する．その昇温を抑えるために，深層水が添加される．冬季では温室による効果で，水温は約20℃に保たれるが，若干クビレヅタの生長が遅くなるため，養殖期間を延ばすなどの対策を講じている．

③ 収穫（摘み取り）

10 cm程度に生長したクビレヅタは，"摘み取り"される．パート従業員を約20名動員して，1日がかりで約10基分のクビレヅタ（約100 kg）を収穫・選別する．クビレヅタの製品として優れた形状は，小枝数が多いことや小枝の発生する間隔が狭い，また直立茎部が長いことがあげられ，これらを優先的に丁寧に摘み取りされる．摘み取り後に余った藻体や製品としては劣る（小枝が少ないなど）ものは，母藻として利用される．摘み取られた商品用茎部は切断

されたことから軟弱になっており，その切断部の修復や張りのある藻体に戻すため，"養生"することになる．

④ 養生（滅菌および微生物処理）

摘み取り時についた切断部の修復および雑菌類の滅菌を目的として，養生工程を設けている．紫外線で殺菌した表層水を注水しながら通気を施し，水流と換水でクビレヅタについた雑菌類を洗い流すとともに，藻体の傷を修復させる．養生期間は約6日であるが，中2〜3日目には藻体に付着したヨコエビ類などの微小生物が深層水に浸すことで取り除かれる．ヨコエビ類は低温の深層水中では動きが止まり，クビレヅタ藻体から容易に外れる．このような操作により健全な商品藻体を養生することができる．

⑤ 出　荷

養生後のクビレヅタは，出荷場（クリーンルーム）へ移され，梱包発送される．クリーンルームの入り口にはエアシャワーがあり，作業員の衣類に付着した埃などを取り払う．また内部には紫外線殺菌灯が常時点灯しており，微小な生物が排除され，常に清潔に保たれている．このクリーンルーム内で，藻体を軽く脱水した後に最終選別され，状態の悪いものは排除し，良質のものだけがパック詰めされる．藻体の菌検査後，それらの商品は直ちに，全国各地に発送される．

3）問題点

① 藻体の形態変異

現在，クビレヅタ養殖業界は"作れば売れる"状況下にある．しかし現状は，需要に供給が追いついていない．その要因の1つに，形態の変異現象があげられる．クビレヅタ養殖は，商品となる直立茎部を高密度に発生させなければならない（図4・4A）．実際の海に生育しているクビレヅタは，直立茎よりもむしろ匍匐茎部の伸長が顕著であり，直立茎を高密度で発生させるには特異な人工環境を作り出す必要がある．そのような環境下で，直立茎は小枝を出しながら水面に向かって伸長するが，頻繁に，形態変異を示すものが現れる．直立茎の先端が枝分かれする現象や（図4・4B），小枝の発生する間隔が大きく開く"間延び"（図4・4C），がそれに当たる．このようなクビレヅタは商品にならず，母藻としての利用や廃棄が余儀なくされ，時には月生産量の半分程度まで達す

ることがある.これらの形態変異が,どのような要因により発生するかは未だ解明されておらず,その原因究明が急務となっている.

② 養殖環境

クビレヅタの生長は,水環境の変化によって大きく左右される.特に季節的な養殖環境の変化に対し,各業者独自に養殖技術の改善が講じられている.クビレヅタは,水温変動により生長が大きく左右され,夏季の高水温時や冬季の低水温時に,間延びなどの形態変異や生長速度の減速などの問題が発生している.久米島海洋深層水開発株式会社は,深層水を利用することで夏季の水温上昇を抑えることができ,また冬季には養殖棟の温室効果により極端な水温低下を抑制することで,リスクの低い養殖を可能にしている.他業者は,水槽内の海水の換水率を高めるなどして夏季の水温上昇を回避し,冬季の低水温時にはボイラーなどで昇温させるなどの対策を講じている.

③ 品質保持

クビレヅタ製品は生海藻として出荷されるが,その発送先の環境や輸送の状況によっては,小枝の破裂や脱水によるしぼみな

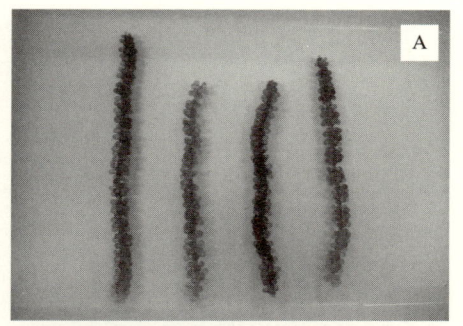

図4・4 クビレヅタ直立茎の形態変異.A:商品として標準的な形態.B:枝分かれ型.C:"間延び"型.

ど，製品の劣化が問題となっている．クビレヅタは低温に弱く，特に冬季や北海道，東北などの気温の低い地域への発送には，十分な配慮が必要とされている．クビレヅタ商品の梱包，輸送方法については，今後の課題として残されている．

§2. 室戸海洋深層水を用いたスジアオノリ養殖
2・1 アオノリ市場と生産動向

アオノリ類は古くから粉にされて和菓子や餅などに混ぜて使われてきたが，近年，焼きそばやお好み焼き，スナック菓子など，ふりかけとしての利用が増加している．現在の需要は1,000 t（乾燥重量）程度であるが，用途は拡大しつつあり，供給量は不足しているといわれている．そのためアオノリの代用品としてアオサが使われている[5]．

アオノリ類の中でもスジアオノリは色，香りがよく最高級とされ，漁協での入札価格が乾燥品1kg 8,000円以上であり，高値で取引されている[6]．しかし，スジアオノリは河川水と海水が混じりあう環境が不安定な汽水域で繁茂するため，収穫量は大きく年変動する．例えば，全国有数の天然スジアオノリの産地である高知県四万十川河口域では，2005年秋に台風による地形変化で潮の流れが変わり，2006年の収穫量が例年の3分の1（2～3 t）に落ち込んでいる．天然海域での採取および養殖では生産量の不安定に加えて，漁業者の高齢化もあり，労働生産性の高い安定した生産システムが求められている．

2・2 海洋深層水を用いたスジアオノリ養殖
1）施設概要

高知県室戸岬の東側，高岡地区に建設されたアオノリ養殖施設は，1,750 m^{2}の敷地に8 tタンク60基，1.5 tタンク9基，100 lタンク12基，種苗生産用の培養棟および冷風乾燥施設を備える（図4・5）．深層水は，室戸市が運営する深層水分水施設「アクアファーム」から日量約1,200 tが供給されている．使用されるタンクには，未処理の深層水が日量3回転（タンク容量の3倍量）で連続的に給水されており，水温調整と栄養塩供給の役割を果たしている．あわせて，タンク内のアオノリが攪拌されるように通気されている．

図4・5　アオノリ養殖施設

2) 種苗生産—"胞子集塊化法"

① 開発の背景

不稔性, 難稔性といった生殖細胞（胞子）形成を起こしにくい性質をもつアオサ種では, 藻体をちぎって栄養繁殖させることで容易に陸上タンク養殖を行なえる[7]. しかしこれらの種類以外の, スジアオノリを含む一般のアオサ属では, イワヅタ属のように栄養繁殖のみで藻体を生長させ続けることができない. アオサ属では数十cmに達した藻体は, 縁辺部分から胞子を放出し, 空になった部分が脱落して次第に小さくなっていく. また, 藻体をちぎって増やそうとすると, 藻体の細断化が刺激となり, 胞子形成が誘発されてしまう[8]. そのため, スジアオノリ養殖では, 毎回, 胞子から藻体まで育てて収穫する方法が必要となる. さらに, 天然海域で行なわれているような胞子をロープや網などの基盤に付着させ, タンク内に固定して養殖すると, タンクに収容できる藻体量が少なくなる上, タンク内の光環境が均一でないので藻体の生長にむらができるといった問題が生じる. これらの問題を解決するために胞子集塊化法（胞子および発芽体の集塊化による海藻養殖法：特願2000-404228）が開発された. この方法により, 藻体を幼体から浮遊状態で高密度に養殖でき, ほぼ均一に生長させることができるようになった.

② 種苗生産

胞子集塊化法では, 胞子の段階で複数の藻体が互いに連結するように実験室

で操作し，胞子（または発芽体）の集塊を大量に作る．アオノリでは10 cm程度に生長した藻体を数mmの藻体片に切り分けて培養することで胞子形成を誘導できる[8]．通常，細断化から2〜3日後に胞子が藻体片から放出される．胞子は走光性があるので蛍光灯下に培養容器を置くと光に反応して集まってくる．集合している胞子を高濃度でシャーレに播種し，培養することで，胞子同士が互いに接触し，発芽体のマットを形成する．形成された発芽体マットはシャーレから引き剥がされ，ミキサーで粉砕されて，直径1 mm以下の発芽体（胞子）集塊となる．作製された発芽体集塊は養殖用種苗として懸濁液状態で培養瓶に長期保存できる．

3）養殖システム

養殖種苗は培養室のフラスコで拡大培養され，藻体長5 mm以上の幼体集塊にまで育てられる（図4・6）．その後，野外に設置された100 l タンク1基，1.5 tタンク1基，1 tタンク10基，7 tタンク10基でそれぞれ1週間ずつ養殖され，合計1ヶ月程度で収穫される（図4・7）．1週間ごとに容量の大きなタンクに移していく方法は，2年近くに及ぶ小規模野外実証試験に基づいて考案された．図4・8に示すように，深層水を日量3回転で注水されている条件では，アオノリ集塊の湿重量がタンク容量の1000分の1を超えるようになると生長速度が低下する[9]．そして容量の大きなタンクに移すと生長速度が復帰する．また，1週間の生長速度は年平均で10倍以上（日間生長率40％以上）であった[9]．以

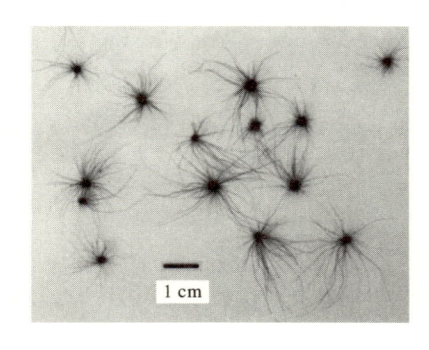

図4・6　アオノリの幼体（発芽体）集塊

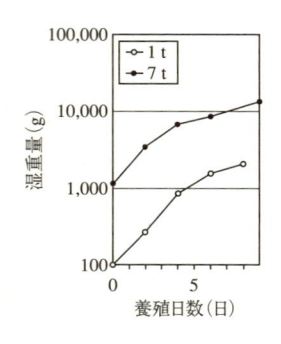

図4・8　1 tおよび7 tタンクで養殖されたアオノリの湿重量変化

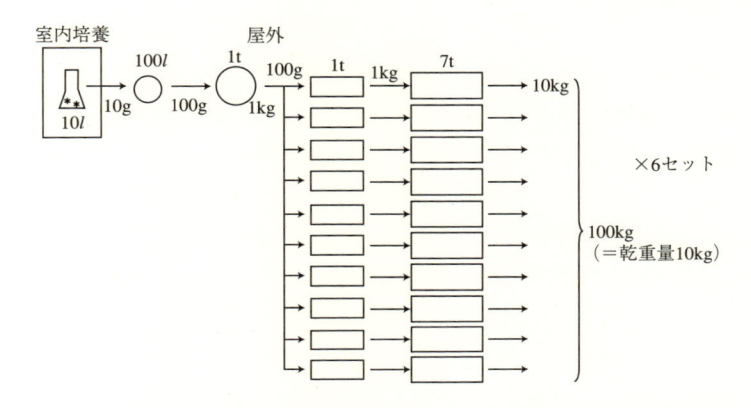

図4・7 アオノリ養殖システム．約10倍量のタンクに毎週アオノリを移し換え養殖し，最終タンクから湿重量100 kgが収穫される．このセットが6組用意されている．

上の実証試験結果から，タンク容量の100分の1程度のアオノリ集塊を初期投入して1週間養殖し，次々に約10倍量のタンクに移して養殖していくように養殖システムは設計された．このタンクシステム1セットでは1週間に1回収穫されるので，同じものを6セット用意して収穫日をずらして運用すれば，日曜を休みにして月曜から土曜まで毎日収穫することができる．タンクシステム1セットから湿重量100 kg（乾重量10 kg）収穫できるので，年間生産量は約3 t（乾重量）と計算できる．

4) 問題点
① 水温

クビレヅタ養殖の場合，高水温の表層水と低温の深層水をうまく利用して水温が調整されているが，高知県のアオノリ養殖施設の場合，水温調節は深層水のみで行なわれている．そのため供給されてくる深層水の水温が直接生産に影響を与える．現在供給されている深層水は実証試験時より2〜3℃低く，当初予定よりも大幅に生長速度が低下し，生産量が落ちるという問題が生じている．そのため，生長速度を上げるために，熱交換による昇温，肥料の添加，低温耐性株の作出が試みられている．また，冬季の野外タンクの水温低下が著しいので，この時期には低温でよく生長することがわかっているアマノリやコンブといった別の種類の海藻に切り替える考えも出されている．

②人材育成

　新しい養殖方法を導入するには技術の移転が必要となるが，水産養殖の現場は老齢化しており，なかなか技術が定着しないという問題がある．これからさらに水産業の現場は高齢化していくので，生産技術を担える人材育成を考えなければならない．また，これまで漁業を支援してきた県や市町村は財政難であり，資金および人材での援助は望めない状況となってきている．若い世代が水産事業に参加できる新しい運営方法が求められる．

文　献

1) 当真　武：クビレヅタ，食用藻類の栽培（三浦昭夫編），恒星社厚生閣，1992，pp.69-80．
2) 当真　武：第Ⅲ章緑藻クビレヅタの生育環境と養殖，沖縄県海洋深層水研究所特別報告第1集 亜熱帯における有用海藻の生態と養殖に関する研究，沖縄県企画開発部海洋深層水研究所，2001，pp.57-149．
3) G.C.Jr. Torono: Diversity of the seaweed flora of the Philippines and its utilization, *Hydrobiologia*, **398/399**, 1-6（1999）．
4) 喜屋武俊彦：水産研究のフロントから沖縄県海洋深層水研究所，日水誌，**71**，846（2005）．
5) 大野正夫：青海苔産業の歴史と現状，有用海藻誌（大野正夫編著），内田老鶴圃，2004，pp.411-419．
6) 平岡雅規・嶌田智：四万十川の特産品スジアオノリの生物学，海洋と生物，**155**，508-515（2004）．
7) T.A. DeBusk, M. Blakeslee, and J. H. Ryther : Studies on the outdoor cultivation of *Ulva lactuca* L., *Bot. Mar.*, **29**, 381-386（1986）．
8) A. Dan, M. Hiraoka, M. Ohno, and A.T. Critchley: Observations on the effect of salinity and photon fluence rate on the induction of sporulation and rhizoid formation in the green alga *Enteromorpha prolifera* (Müller) J. Agardh (Chlorophyta, Ulvales), *Fish. Sci.*, **68**, 1182-1188（2002）．
9) M.Hiraoka, M.Ohno, A. Dan, and N. Oka: Utilization of deep seawater for the mariculture of seaweeds in Japan, *Jap. J. Phycol.*, **52**（Supplement），215-219（2004）．

5. 単細胞藻類の培養

深 見 公 雄*

　海洋における真光層以深の海水は"海洋深層水（以下，深層水，DSW：Deep Seawater)"と呼ばれ，植物プランクトンの増殖に不可欠な無機栄養塩を豊富に含み，水温が1年を通して10℃前後に安定しており，しかも水質悪化の原因となる有機物や汚染物質などが表層と比較してはるかに少ないことから，様々な分野への利用が期待されている[1]．餌料性珪藻の大量培養は深層水の有効利用の1つである[2]．浮遊性および付着性の珪藻類は様々な水産資源の種苗生産用餌料として極めて重要であり，その効率的かつ安定的な大量培養が不可欠なことから，深層水を用いた培養・飼育が期待されている．

　ここでは，二枚貝の種苗用初期餌料として重要な浮遊性珪藻 Chaetoceros ceratosporum およびアワビなどの飼育に不可欠な付着性珪藻 Nitzschia sp.の培養に対する深層水の有効性について述べたあと，深層水を連続的に供給するバイオリアクターを用いた餌料性付着珪藻およびアワビ稚貝の連続・混合培養方法とその結果について述べる．さらにこれら微細藻類の増殖ポテンシャルの変動が深層水の水質変動とどのように関連しているかについて考察し，最後に，このような微細藻類の増殖を促進させる深層水が大量に沿岸環境に排水された場合の，有害プランクトンの増殖促進の可能性について述べる．

§1. 餌料性浮遊珪藻 C. ceratosporum の培養

　大量培養を目的とした餌料性浮遊珪藻には，科学技術庁海洋科学技術センターの中島敏光博士（現NPO法人，日本海洋深層水協会）から分与された Chaetoceros ceratosporum 株を，抗生物質を併用したキャピラリー洗浄法により純粋無菌化した後，使用した[3]．本プランクトン種を無機栄養培地ASP$_6$中で培養したところ，倍加時間の逆数すなわち1日当たりの分裂回数で示した増殖速度（μ）は1.92分裂／日程度，最大細胞収量（maximum cell yield；

---
* 高知大学大学院黒潮圏海洋科学研究科

MCY）は約6×10^6 cells / ml，であることが明らかとなった[4]．

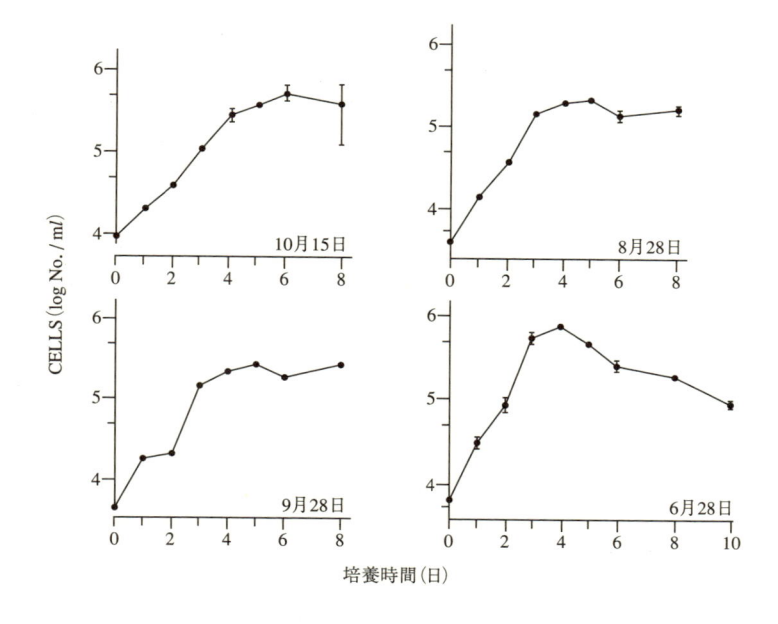

　高知県海洋深層水研究所にて水深約320 mから汲み上げられた深層水に，濾過深層水であらかじめ4日間前培養しておいた C. ceratosporum を初期密度5×10^3 cells / mlになるように接種し，20℃・10,000 lx・12:12hの明暗周期で培養した．その結果 C. ceratosporum は，誘導期を示すことなく接種後直ちに対数増殖を開始し，4ないし5日目には定常期に入ることが明らかになった（図5・1）．深層水を様々な季節において採取し，同様の実験を行った結果，同藻のμは1.25～2.22（平均1.72）分裂 / 日，またMCYは2～11（平均6）× 10^5 cells / mlであることがわかった．これらの値は，前述のように栄養塩を十分に含んだASP_6培地で得られた値と比較して，μで65～116％（平均90％），MCYで3～18％（平均10％）であった[3]．深層水中の溶存態無機窒素（DIN）濃度は20～25μM程度である．それに対して，ASP_6培地中にはDINが約3,500μM含まれており，その差はおよそ200倍である．それに対して，両者

図5・1　いくつかの異なる季節に採水された海洋深層水を用いて餌料性珪藻 Chaetoceros ceratosporum を培養した時の同藻の増殖曲線

の細胞収量の差はせいぜい 10 倍であった．このことは，深層水で浮遊珪藻を培養した方が栄養塩の過剰に含まれる培地を用いた場合より 10 倍以上効率よく収量に結びついていることを意味している．

ウニや二枚貝幼生の種苗生産に C. ceratosporum が用いられる場合，1×10^4 cells / ml 以上の密度が必要であるとされている[5]．深層水で得られた C. ceratosporum の MCY はいずれの季節に採取された深層水を用いた場合でも 10^5 cells / ml を下回ることはなく，種苗生産に必要な最低細胞密度よりもはるかに高い MCY を与えることが明らかとなった．また，深層水による前培養でよく増殖している同藻は，新たに深層水のなかに接種しても直ちに対数増殖を行い，中島[6-8]が Skeletonema costatum で報告しているような深層水中のキレート物質の不足による珪藻の誘導期は見られなかった．これらの実験結果から，深層水を用いた餌料性珪藻の大量培養は十分可能であることが示唆された．一方，深層水による C. ceratosporum の MCY は，深層水の採取時期によって比較的大きい変動を示すことも明らかとなった．

§2. バイオリアクターによる餌料性付着珪藻 Nitzschia sp. の培養

前に述べた C. ceratosporum のような浮遊性珪藻は主として有用生物の浮遊期幼生の餌料として利用されるのに対し，付着珪藻はアワビ・ウニ・ナマコなどの底生性の水産生物の初期餌料として利用される．したがって，浮遊性珪藻の大量培養と同様，付着珪藻の安定的な培養法の確立は，種苗生産を行ううえで非常に重要である．浮遊性微細藻類の培養では，流水条件下で連続的に海水を通水すると藻類の細胞が流失してしまうのに対して，付着珪藻は細胞が付着基盤に固定されているため海水を連続的に送り込むことが可能であるだけでなく，付着基盤を取り出すことによって藻類の細胞が回収可能であり，直ちに餌料として供給できるという利点が考えられる．

そこで筆者らは，図 5・2 に示すような実験系を用いて，深層水を連続的に供給することで付着性珪藻 Nitzschia sp. の培養への深層水の有効性を調べた．実験には故田中信彦博士（元国立養殖研究所）が三重県の五ヶ所湾で分離した Nitzschia sp. の純粋無菌株を用いた．太さ 25 mm 長さ 140 mm のガラス管内部に直径約 5 mm のガラスビーズを付着基盤として充填したものの両端をシリ

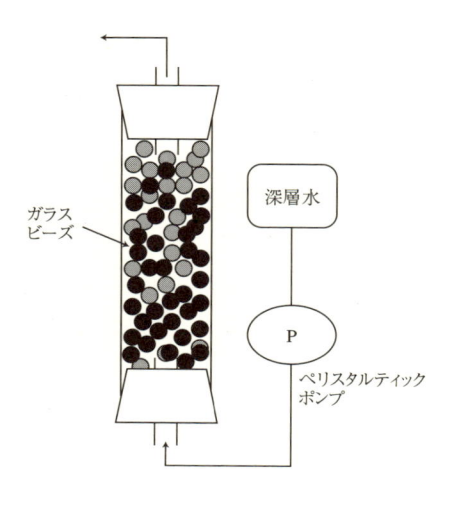

図5・2　海洋深層水を連続的に供給して付着性珪藻 *Nitzschia* sp.を培養する容器．内径25 mm長さ140 mmのガラス管に直径約5 mmのガラスビーズを多数収容して付着基盤とした．

コン栓で封をし，下側から深層水をペリスタルティックポンプで連続的に通水した．あらかじめ深層水で前培養した *Nitzschia* sp.を培養系の下部におよそ 5×10^4 cells接種し，深層水を満たした後2日間明条件で静置培養した．その後，培養器内の深層水の換水率を0～10回／時ないし25回／時で連続的に通水した．培養を開始してから10日目に，実験系内部の深層水を取り除いた後，培養に用いたガラス管内に90％アセトンを添加し，冷暗所に1昼夜放置してガラスビーズ上に増殖した付着珪藻のクロロフィル a 量を比色定量し，珪藻の収量を測定した．この値を，付着基盤の総面積（ガラスビーズの表面積＋ガラス管の内壁面積，約377 cm^2）で割ることで，付着基盤単位面積当たりの珪藻の収量として求めた[9]．

　深層水を全く通水しないバッチ培養（換水率0）の場合の，付着基盤単位面積当たりのクロロフィル量は極めて小さく，せいぜい0.001～0.003 μg／cm^2 であり，しかも深層水の採取時期による収量の変動も比較的大きかった（図5・3）．それに対し，深層水を連続的に供給する実験系では，付着珪藻の収量が格段に増加した．しかも換水率を大きくするにつれて，クロロフィル量は大きく増加していった．特に1993年7月22日に採取した深層水を用いて換水率5回／時で培養した際には，*Nitzschia* sp.の最終収量は約1.5 μg-Chl.a／cm^2 にも達した[9]．しかも深層水を25回／時という大きな換水率で通水しても，実験系から流出してくる細胞がほとんどないことが明らかになった[9]．これらの実験結果から，深層水のもつ豊富な栄養塩が連続的に供給されると付着珪藻が効率よくそれらを利用すること，また深層水をかなり速やかに供給してもガラスビーズという付着基盤上から珪藻細胞が離脱せず，本実験で用いたような培養

系は一種のバイオリアクターとして利用できることなどが明らかとなった.

同じ深層水の換水率の値,例えば5回／時での Nitzschia sp. の細胞収量を比較してみると,浮遊性珪藻 C. ceratosporum の増殖の場合と同様,深層水の採取時期によりかなりの季節変動が見られることがわかった(図5・4).付着珪

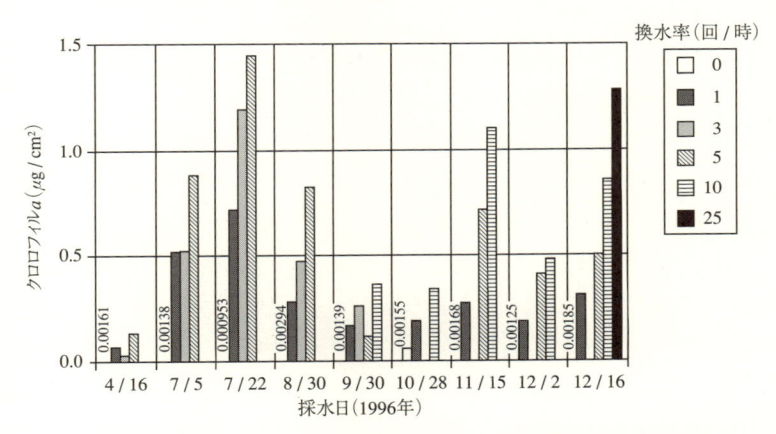

図5・3 1993年4月16日から12月16日にかけて採水した海洋深層水を異なる換水率で通水して培養した際の,付着性珪藻 Nitzschia sp. の細胞収量.培養開始後10日目の単位付着基盤面積当たりのクロロフィル a 量で表した.

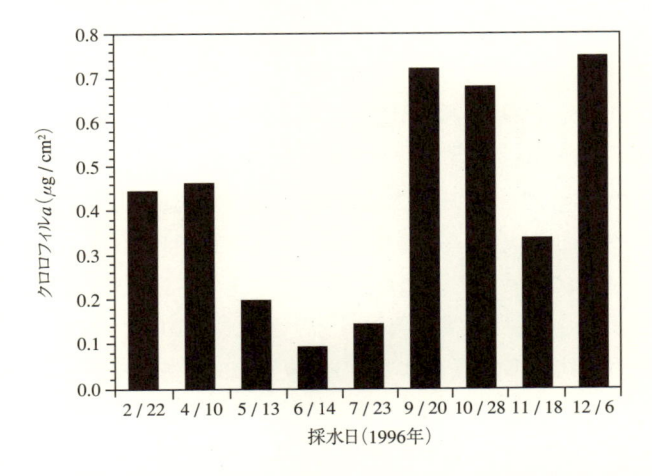

図5・4 1996年2月22日から12月6日にかけて採水した海洋深層水を換水率5回／時で供給して培養した際の,付着性珪藻 Nitzschia sp. の細胞収量の季節変動.培養開始後10日目の単位付着基盤面積当たりのクロロフィル a 量で表した.

藻の場合には，珪藻細胞を基盤上に捕集・固定して培養可能なため，深層水の供給速度すなわちリアクター内の海水の換水率を上げることにより，珪藻の細胞収量を安定的に保つことが可能であることが示唆された．おそらく深層水を連続的に通水することにより深層水中に不足しがちな物質の供給量を補填しているものと考えられる．

§3. アワビ稚貝と餌料性付着珪藻の連続・混合培養

前項で述べたように，深層水を連続的に供給することにより餌料性付着珪藻の効率的な培養が可能であることが明らかとなった．そこで，珪藻の培養容器内部にアワビ稚貝を収容して，餌料珪藻とアワビ種苗を同時に培養・飼育することを試みた．直径7 cm長さ50 cmの透明のアクリルの筒の中に，直径2 cmの透明のビニールホースを約2 cmの長さに切ったものを珪藻の付着基盤として多数収容した培養装置を作成した．これに，高知県海洋深層水研究所で汲み上げられた深層水を連続的に供給し，室内自然光で付着性珪藻 *Nitzschia* sp. を培養するとともに，メガイアワビ *Haliotis sieboldii* の幼貝を培養装置内に収容し，その成長を調べた．

このような培養装置に，深層水を換水率20～40回／時で連続通水すると，約1週間で，付着基盤として用いているビニールチューブが見えなくなるほど大量の付着珪藻が増殖してくることが明らかとなった．付着藻類が培養装置内に十分増殖したところで，この培養装置に孵化後約7ヶ月経過した平均殻長12.4（±SD 0.2）mmのメガイアワビ稚貝を収容し，その成長の様子を調べた．深層水を換水率40回／時の速度で培養装置内に供給し，約3ヶ月放置した．このときのアワビ稚貝の付着基盤単位面積当たりの密度は130個体／m^2と計算された．約3ヶ月の飼育期間の間に，アワビ稚貝の平均殻長は19.4（±1.7）mmに成長していた[10]．飼育期間中の全殻長増加量7,000 μm を全飼育期間の98日で割った平均日間成長率は71.4 μm／日と計算された．この値は，海藻破片を給餌しながら表層水を用いて行われている現在のアワビ種苗生産における成長率とほぼ同程度の数値である[11,12]．しかしながら，後半の2ヶ月間の成長率は100 μm／日を超えていた（表5・1）．このことは，アワビが本研究で用いた培養・飼育装置内で極めて順調に成長していることを示すものである[10]．

表5・1 海洋深層水を連続的に供給されたバイオリアクター内で餌料性付着珪藻とともに飼育した1歳齢メガイアワビ Haliotis sieboldii の成長．1995年11月に孵化した幼貝を使用．付着基盤の総面積は約3,320 cm^{2}と計算された．海洋深層水の換水率を40回/時とした

測定日 1996	個体数 尾	個体密度 個体/m^2	サイズ mm	成長 μm	飼育日数 日	日間成長率 μm/日
6月14日	43	130	12.4 ± 0.2			
7月23日	39	117	13.1 ± 1.7	700	39	17.9
9月20日	25	75.3	19.4 ± 1.7	6,300	59	107

　このように，本研究で用いたような培養・飼育バイオリアクターを使用して深層水を連続的に供給すれば，アワビ種苗と餌料珪藻を同時に混合培養・飼育可能であることが示された．一般に，現在広く行われている表層水を用いたアワビの種苗生産では，付着珪藻のみで飼育が可能なのは殻長が10 mm以下の稚貝のみであり，それより大型のアワビ幼貝では大形海藻を小さく裁断した餌料が不可欠だとされている[13, 14]．しかしながら，深層水を供給する本バイオリアクターを用いて，アワビの殻長に応じた適正密度で飼育すれば，付着性微細藻類の餌料のみで，特に大形海藻破片などを給餌することなく，放流サイズまでアワビを飼育できることが示唆された．しかも，表層水を用いてアワビを飼育する場合には，夏場の高水温期にしばしば種苗の大量斃死が問題となっている．この点，深層水は年間を通して13〜15℃程度であり，夏季の気温が最も高い時期においても，揚水された深層水の水温は17℃を超えることはない．したがって，深層水を用いた餌料性微細藻類の培養とそれに続くアワビの種苗生産は，深層水の特性を十二分に活用した利用法として注目すべきであろう．

§4. 微細藻類の収量の季節変動要因

　これまで述べてきたように，深層水を用いて浮遊性および付着性の珪藻を培養すると，深層水の採取時期により藻類の細胞収量，すなわち増殖ポテンシャル（AGP）に比較的大きな季節変動のあることがわかった．そこで藻類のAGPと深層水の水質との関係について知るために，高知県海洋深層水研究所に揚水された深層水の水質と珪藻 Skeletonema costatum の増殖との関係について解析した．AGPの測定方法は従来の方法に従った[15]

　飢餓培養により調製した S. costatum をグラスファイバーフィルター（GF/F）

濾過深層水に接種して一定期間培養し，深層水の同藻に対するAGPを調べた．その結果，S. costatumの最大細胞収量は，5.1～10.5×10⁴cells/mlの範囲で変動しており（図5・5），AGPの値には比較的大きな季節変動が見られた[16]．深層水のS. costatumに対するAGPの変動が何に起因するのかを明らかにするために，AGPと深層水中の栄養塩濃度との比較を行った．その結果，海洋深層水研究所に揚水された深層水中のDINは11～30（平均24.9）μMと比較的大きく変動しており（図5・5），しかもS. costatumに対する深層水のAGPはDIN濃度の変動傾向との間に，相関係数0.835と極めて明瞭な正の相関関係を示すことが明らかとなった[16]．同様に無機リン濃度との間にも正の相関関係が見られたが，DINとの間ほどには明瞭ではなかった．このことから，深層水の微細藻類に対する増殖ポテンシャルの季節変動はDIN濃度の変動が大きな原因の1つであることが明らかとなった．

そこで，深層水中に含まれるDIN濃度がなぜ季節変動するのかについて考察した．1998年4月から12月までの室戸沖定点における水温の鉛直・季節変動

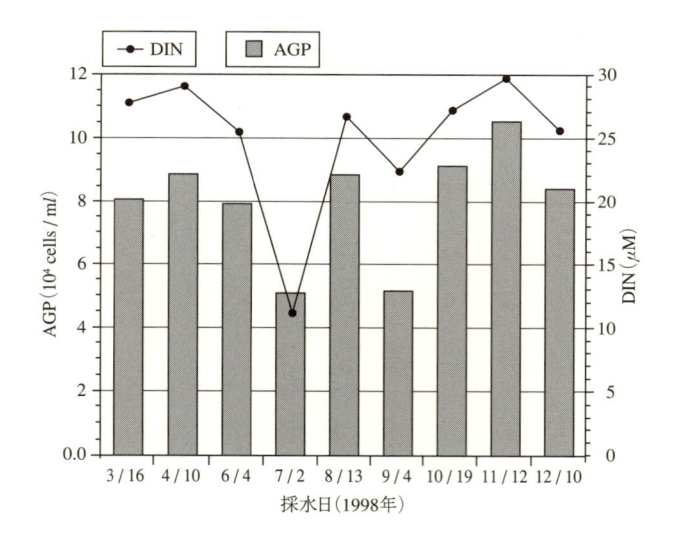

図5・5　高知県海洋深層水研究所に揚水された海洋深層水を用いて培養した際の，浮遊性珪藻 Skeletonema costatum の増殖ポテンシャル（AGP）および深層水中に含まれる溶存態無機窒素（DIN）濃度の季節変動．

のコンタ図を解析したところ，8月頃に8℃以下の冷たい海水が水深400 m付近まであがってきており，しかも水温12℃の等温線も200 m付近まで上昇していたことから，この季節には湧昇が起こっていた可能性が考えられた[16]．その後9月には湧昇は見られなくなったが，10月から12月にかけてまた8℃以下の水が上がってきていたことから，再び湧昇が起こっていることが予想された．そして，深層水中に含まれるDIN濃度の上昇時期は水温の鉛直断面図で得られた湧昇の時期と概ね一致していることがわかった[16]．このことから，室戸地先で揚水される深層水中に含まれる栄養塩濃度の季節変動は，室戸沖で見られる沿岸湧昇がその原因の1つである可能性が示唆された．室戸岬東側のように海岸地形が急峻で，沿岸湧昇の起こりやすいところでは，深層水の水質は季節変動を示す可能性が高いと思われる．

§5. 海洋深層水の大量排水が有害プランクトンの増殖を促進する可能性

深層水には無機栄養塩が豊富に含まれているため，その性質を利用して種々の有用微細藻類や大型海藻の培養が行われてきた．またこのような富栄養な深層水が沿岸に排水されることにより，周囲の海岸における磯焼けの防止に効果があるといわれている．しかしその一方で，富栄養な深層水が，大量かつ長期間沿岸海域へ排水されると，周囲の海域が富栄養化され，赤潮発生や有害・有毒プランクトンが増殖する可能性も考えられる．

そこで筆者らは，高知県海洋深層水研究所および同地先から取水された深層水・表層水，および両者を1：1で混合した海水（以下混合水とする）を，あらかじめGF/Fで濾過して天然の植物プランクトン群集を除去したのち，飢餓培養をほどこした*Heterosigma akashiwo*を接種してその増殖を調べた．その結果，*H. akashiwo*は表層水ではほとんど増殖せず，最もよく増殖したのは深層水中であった[17]．また混合水中では，深層水ほどには増殖しなかったものの，表層水よりははるかによく増殖することが明らかとなった[17]．そこで，有害プランクトン*H. akashiwo*以外の天然植物プランクトンが多数混在する100 μmメッシュのプランクトンネット濾過混合水での*H. akashiwo*の増殖を調べ，同藻の動態を明らかにしようとした．その結果の一例として，2002年8月30日に採取された深層水および表層水を100 μmネットで濾過したのち混合した海

水中での *H. akashiwo* の細胞密度の経時変化を図5・6に示した．天然のプランクトン群集を除去した濾過混合水中での同藻の増殖は，2日間の誘導期ののち，急激にその細胞密度が増加していったのに対し，天然植物プランクトン群集が混在する100μmネット濾過混合水中では，あまり顕著な増殖は観察されず，培養開始5日目以降はほとんど増殖が見られないという結果が得られた（図5・6）．同様の実験を各月ごとに実施した結果，ほとんどの場合で *H. akashiwo* は，天然植物プランクトン群集の混在する条件では，濾過海水を用いた同藻が単独で存在する場合ほどには増殖せず，有害プランクトン *H. akashiwo* は他のプランクトンとの競合に弱いことがわかった．しかしながら，海水の採取時期によっては *H. akashiwo* は100μm濾過海水中でも，GF/F濾過海水中のような同藻が単独で存在する場合とほとんど同様によく増殖する場合も観察されることが明らかになった．その後の解析から，表層水中の植物プランクトン優占種が *Coscinodiscus* sp.であったときには *H. akashiwo* は比較的よく増殖するものの，それ以外の種類が優占していたときには同藻は競合に負けることが示された[17]．すなわち，有害プランクトン *H. akashiwo* が，深層水と表層水の混合海水中で，競合により排除されるかそれとも増殖してくるかは，現場海水中の植物プランクトンの群集組成に左右されることが示唆された．

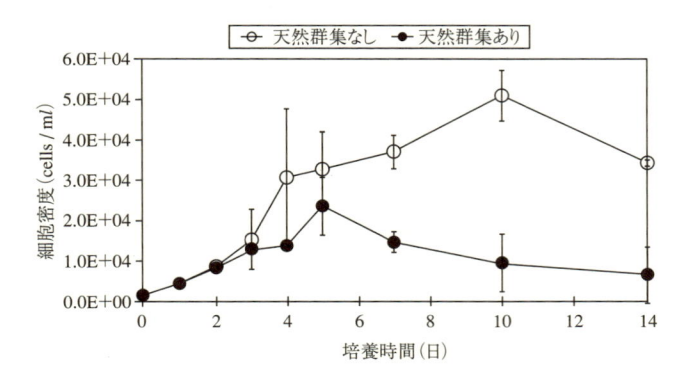

図5・6 2002年8月30日に採取された表層水および深層水を1：1で混合し，100μmメッシュネットで濾過して大型の捕食者のみ除去した天然植物プランクトンが混在している混合水（天然群集あり），およびGF/Fグラスファイバーフィルターで濾過して天然植物プランクトンを除去した混合水（天然群集なし）中で有害赤潮プランクトン *Heterosigma akashiwo* を培養した時の細胞密度の経時変化．

本研究で得られた以上の結果から，深層水の排水される沿岸海域において有害プランクトンH. akashiwoは，その海域に生息する植物プランクトンの優占種によっては競合に負けずに増殖が促進される可能性のあることが示唆された．したがって今後は深層水取水施設の周辺環境における植物プランクトン群集の長期的な変化に注意を払う必要があることが示された．

§6. 海洋深層水による微細藻類培養の意義

本稿で述べた研究結果により，深層水による微細藻類の培養は，富栄養性と清浄性を活かし，かつ深層水中に含まれる栄養塩類を極めて効率よく利用する利用法であり，深層水の微細藻類培養用海水としての資源的価値が改めて示された．深層水の再生可能な資源としての価値を認識しその有効利用を考えることは，自然に存在する資源をそのまま循環させて利用するという意味で，大きな意義があると考えられる．

最後に，本研究を行うにあたり実験の手助けをしてくれた当研究室の歴代の学生諸君，土居　聡・故冨井圭介・澤田英次・小草正道・西村真也・朝田三紀・河合朗英・門田　司・松本　純・中野雄也・田川奈都子・吉本典生の各氏に，また研究に対して常に有益な御助言をいただいた科学技術庁海洋科学技術センターの豊田孝義博士および中島敏光博士（現NPO法人，日本海洋深層水協会）に深謝する．また深層水の採取には高知県海洋深層水研究所の元所長の山口光明・谷口道子両氏，およびその他の多くのスタッフの方々にはひとかたならぬお世話になった．また，メガイアワビの種苗の分与およびその飼育に関しては高知県栽培漁業センターの岡部正也・堀田敏弘の両氏をはじめ多数の方々にお世話いただいた．ここに記して感謝の意を表する．

文　献

1) 高橋正征：海にねむる資源が地球を救う，あすなろ書房，1991，189pp.
2) 深見公雄・西島敏隆：海洋深層水を用いた餌料性珪藻の効率的培養および深層水由来細菌の添加効果，月刊海洋，26, 139-145 (1994).
3) K. Fukami, T. Nishijima, and Y. Hata: Availability of deep seawater and effects of bacteria isolated from deep seawater on the mass culture of food microalga *Chaetoceros ceratosporum*, *Nippon Suisan Gakkaishi*, 58, 931-936 (1992).
4) 深見公雄・西島敏隆・畑　幸彦：餌料性微細藻類の増殖を促進する細菌の深層海水か

らの分離とその効果, くろしお（高知大学黒潮圏研究所所報）特別号, 5, 17-21 (1991).

5) 天神 僚・石井孝幸：ウニ類と二枚貝の幼生飼育のための餌料生物. 福島種苗研報, 1, 29-34 (1984).

6) 中島敏光：海産珪藻 *Skeletonema costatum* の増殖に及ぼす海洋深層水の影響, 日本プランクトン学会報, 35, 45-55 (1988).

7) 中島敏光：海洋深層水中での珪藻 *Skeletonema costatum* の誘導期を解消する諸因子 I, 有機物質による解消, 同誌, 38, 93-104 (1992).

8) 中島敏光：海洋深層水中での珪藻 *Skeletonema costatum* の誘導期を解消する諸因子 II, 表層水による解消, 同誌, 38, 105-111 (1992).

9) K. Fukami, S. Nishimura, M. Ogusa, M. Asada, and T. Nishijima: Continuous culture with deep seawater of a benthic food diatom *Nitzschia* sp. *Hydrobiologia*, 358, 245-249 (1997).

10) K. Fukami, A. Kawai, M. Asada, M. Okabe, T. Hotta, T. Moriyama, S. Doi, T. Nishijima, M. Yamaguchi, and M. Taniguchi : Continuous and simultaneous cultivation of benthic food diatom *Nitzschia* sp. and abalone *Haliotis sieboldii* by using deep seawater, *J. mar. Biotech.*, 6, 237-240 (1998).

11) 山崎 誠：飼育下におけるアワビ稚貝の摂餌量, 日水誌, 57, 865-867 (1991).

12) T.Kawamura and H. Takami: Analysis of feeding and growth rate of newly metamorphosed abalone *Haliotis discus hannai* fed on four species of benthic diatom, *Fish. Sci.*, 61, 357-358 (1995).

13) N.Uki, M. Sugiura, and T. Watanabe: Dietary value of seaweeds occurring on the Pacific coast of Tohoku for growth of the abalone *Haliotis discus* hannai, *Nippon Suisan Gakkaishi*, 52, 257-266 (1986).

14) 高見秀輝・河村知彦・山下 洋：エゾアワビ1歳貝に対する付着珪藻の餌料価値, 水産増殖, 44, 211-216 (1996).

15) 西島敏隆・深見公雄：深層水による植物プランクトンの培養及び深層細菌との混合培養による増殖の促進, *Bull. Mar. Sci. Fish., Kochi Univ.*, 15, 25-31 (1995).

16) 深見公雄・松本 純・門田 司・中野雄也・西島敏隆：海洋深層水の水質変動と微細藻類に対する増殖ポテンシャルの関係, 海洋深層水研究, 1, 27-31 (2000).

17) 深見公雄：第1部資源編「海洋深層水の持続的有効利用を目指して」第4章環境への影響-施設増加にともなう懸念, 海洋高知の可能性を探る（高知大学創立50周年記念事業委員会編）, 高知新聞企業, 2005, pp.56-59.

IV. 環境修復への利用

6. 洋上肥沃化

井 関 和 夫*

　近年の急激な人口増を原因とする食料不足やエネルギー資源の枯渇，および地球温暖化などの環境問題は，人類が21世紀中に解決すべき最重要課題であり，それなくしては持続的生産社会の実現は不可能となる．わが国の人口はピークを過ぎたが，世界的な人口増は今後も継続するため食料需要が伸びるだろう．これに温暖化などによる異常気象が加わると深刻な食糧不足が発生することが懸念される．この点で，わが国の食料自給体制が不可欠であるが，現在わが国の食料自給率は穀物40％，水産物50％ほどのレベルであり，世界最大の食料輸入国となっている．そのため，食料の安定供給の観点から，農業・漁業生産の増大とその持続的生産に向けた研究・技術開発は，わが国にとっての緊急課題である．しかし，国土の狭いわが国での農業生産の著しい増加は，人工化学肥料や農薬の大量使用による窒素過多や環境汚染，さらには農地拡大に伴う森林消失を招き，陸域での食料増産の方策そのものが困難な状態となりつつある．そこで，自ずと海洋空間を利用した食料増産に期待するところが大きくなる．しかし，世界の漁獲量の頭打ち状況とともに，わが国の漁獲量も1980年代後半のピーク時（1,200万t台）から減少傾向を示し，2002年には600万t以下にまで落ち込んでいる．現状では，これ以上の漁獲量の増大も困難と考えられる．

　こうした社会的背景のもと，食料問題の解決策として海洋深層水（以下，深層水）の大量散布による洋上肥沃化（漁場造成・漁業資源増大）の試みを取り上げ，これまでの研究・技術開発の経緯，および今後の展望について述べる．

---

* 広島大学大学院生物圏科学研究科

§1. 海洋深層水による洋上肥沃化の本質

1・1 自然循環型の生物生産

地球規模で海洋を眺めると，海洋における基礎生産量と栄養塩の分布は，全体として似かよったパターンを示し，世界有数の湧昇海域であるペルー沖，カリフォルニア沖，西部アフリカ沖なども含めて，表層の栄養塩濃度が高い海域は基礎生産量や漁業生産量が高い．そして，全海洋面積のわずか0.1～1％にしか過ぎない湧昇域が，世界の魚類生産量の半分以上を占めるという推定がある[1,2]．わが国周辺には，こうした大規模湧昇域は存在せず，また，わが国周辺海域の大部分の表層（とりわけ暖流域）は貧栄養であるが，その下層には莫大な栄養塩類のストックをもつ深層水が存在している（図6・1）．そこで，栄養塩類の豊富な数百m以深の海水を人工的に有光層に汲み上げて放流することにより，海洋の生物生産全体を支える植物プランクトンの光合成能を刺激し，一次生産量を増加させ，次に食物連鎖を通じて動物プランクトンを増やし，さらに動物プランクトンを食べる小型魚類，そして最終的に大型魚類などの生産量の増大を図ることが理論上は可能となる（図6・2）．深層水を有光層まで汲み上げるところは，人工湧昇と呼べる人間の手（技術）によるものであるが，それより先は自然界の食物連鎖システムに完全に委ねた漁業資源増大策である．

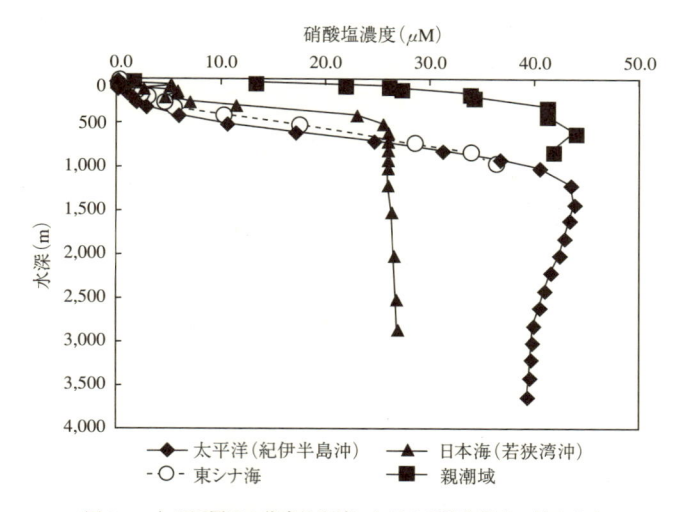

図6・1　わが国周辺の代表的海域における硝酸塩濃度の鉛直分布

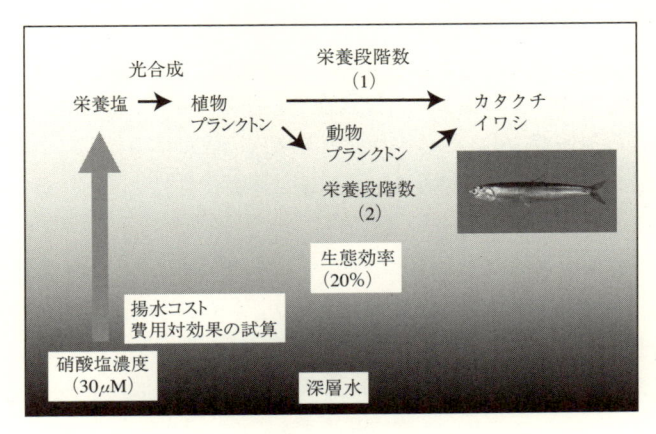

図6・2　海洋深層水による洋上肥沃化の概略

　この方法は，肥料効果があるとする陸上の余剰生産物などを海洋へ投入する方法とは本質的に異なり，自然海洋内での深層水を利用した循環型の生物生産技術である．このため，食料資源の重要要素である食の安全・安心が保障されることになる．

1・2　海洋の生産力全体の底上げ効果

　漁獲規制・種苗放流は，特定の有用魚介類の資源回復・増大策であるが，自然海洋における有限の餌量環境を考えると，特定の魚介類を増やす行為は生態系の攪乱行為でもあり，また他の魚介類への餌の割り当てを減らす結果ともなり，海域全体の漁業生産量の増加は期待されない．

　前述したように，深層水による洋上肥沃化は，栄養塩を添加することによって，海洋の生物生産全体を支える植物プランクトン量を増加させる行為であり，海洋の生産力全体の底上げを意図したものである．したがって，この方法は漁獲規制・種苗放流とは本質的に異なる技術であり，生態系の攪乱も少ないことが期待される．

§2．海域肥沃化実験

2・1　肥沃化手法と解決すべき点

　わが国で実施されている海域肥沃化には，①100m程度以浅の海域で造成し

た人工海底マウンドに底層流が衝突した時に生じる湧昇を利用し，有光層での光合成を活発化させる方法（漁場造成）や，②発電所の復水機の冷却水として利用した後に，浅海域の海岸近くに放流する方法（藻場造成など），および③大陸棚以遠の海域で揚水した深層水を有光層内に放流することによる洋上肥沃化（漁場造成）がある．このうち，①は既に事業化され，②と③は実験・実証段階にある[3-5]．ここでは，洋上肥沃化について紹介する．

洋上肥沃化を効果的に行うための解決すべき課題として，①栄養塩供給量の増大，②放流深層水および増殖する植物プランクトンの有光層内への滞留（隔離），③植物プランクトンを摂食して増加する動物プランクトンおよび動物プランクトンを餌とする魚類の一定海域内への隔離，④生態効率の向上，および⑤食物段階数の減少などが重要項目としてあげられる[3]．

栄養塩の供給量を考えるうえで，わが国周辺海域における硝酸塩濃度の鉛直分布図が参考となる（図6・1）．日本海では水深500 m付近まで栄養塩濃度は増加するが，それ以深では日本海固有水の影響で海底まで一定濃度となる．そして，500～700 m付近では，日本海の方が太平洋より栄養塩濃度は高い．これ以深では逆に太平洋の方が日本海より高くなり水深1,000 m付近に最大値を有する．したがって，栄養塩濃度だけで肥沃化効果を考えると，日本海で500～700 m，太平洋では1,000 m付近からの取水が望ましいことになる．しかし現実的には，水深の増加に伴い取水コストが増加するため，費用対効果の観点から取水水深と取水量などが決定されることになる．

親潮域では，500～700 m付近に栄養塩ピークが見られるが，表層の栄養塩濃度も高いので深層水による肥沃化効果は相対的に少なくなる．

有光層内への滞留および一定海域への閉じこめに関しては，後述する肥沃化実験で見られるように，水平的には環流（渦）の中心部，鉛直的には密度躍層の中に深層水を放流して移流・拡散による希釈を抑制する方法が採用されている．

生態効率と栄養段階数については，洋上肥沃化手法が自然任せであるため，人為的にコントロールすることは困難であるが，例えば，マイワシ，カタクチイワシなどの低位の魚種を中心に漁獲することで，少なくとも栄養段階数は減らすことが可能である．

2・2 洋上肥沃化実験

深層水を利用した世界初の洋上肥沃化実験は，1989～1990年に科学技術庁の科学技術振興調整費総合研究として富山湾で行われ，水深220 mから日量26,000 tの深層水が取水され，表層水と混合（深層水：表層水＝1：2）後に海表面に直接散布された（図6・3）．しかし，散布時の高濃度の栄養塩を含ん

図6・3 富山湾における海域肥沃化実験で用いられた海洋深層水取水装置「豊洋」

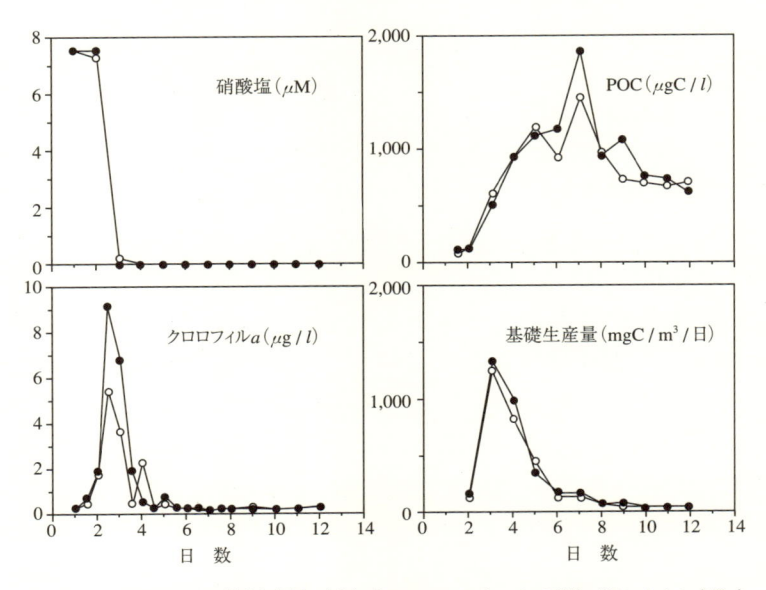

図6・4 富山湾における散布深層水（○）と148 μmのネットで動物プランクトンを除去した散布深層水（●）の培養実験中における硝酸塩，クロロフィルa，粒状有機炭素（POC）および基礎生産量の時間変化[6].

だ混合水や，散布後の栄養塩の減少，クロロフィルの増加などの顕著な変化は検出されなかった．一方，混合水を透明なポリ容器に入れて天然光下で培養すると，培養開始の2～3日後に栄養塩の急激な減少とクロロフィルの急激な増加が認められ，深層水を含んだ混合水が肥沃化ポテンシャルをもっていることは確認された（図6・4）[6]．このため，取水量が少なく周囲の海水と較べて比重の大きな混合水を，表層へ直接散布したため，急激な拡散希釈とともに散布した混合水の急激な沈降などがあり，栄養塩濃度などの変化が検出できなかったと推定された．

2000～2004年度には，水産庁研究開発事業として（社）マリノフォーラム21により，相模湾において海域肥沃化実験が開始された（図6・5）．反時計回りの環流が相模湾中央付近に発達しやすく（図6・6）[7]，放流深層水の拡散・希釈の抑制が期待されることや，高濃度の栄養塩が沖合と較べてより浅い水深に認められることから相模湾が実験適地に選ばれた．また，深層水取水装置「拓海」は，荒天に耐える没水スパー型構造で水深1,000 mの海底に1点係留で固定された．放流方法として，密度流拡散方式が採用され[8]，水深205 mから日量10万tを取水し，水深5 mの表層水との混合（深層水：表層水＝1：2）後に日量約30万tの規模で，夏の密度躍層期を中心に，水深20 mの密度躍層内に放流している．

2005～2007年度には，肥沃化効果を定性・定量的に把握するため，「海洋肥沃化システム技術確立事業」が開始された．

これまでの現場海域実験の

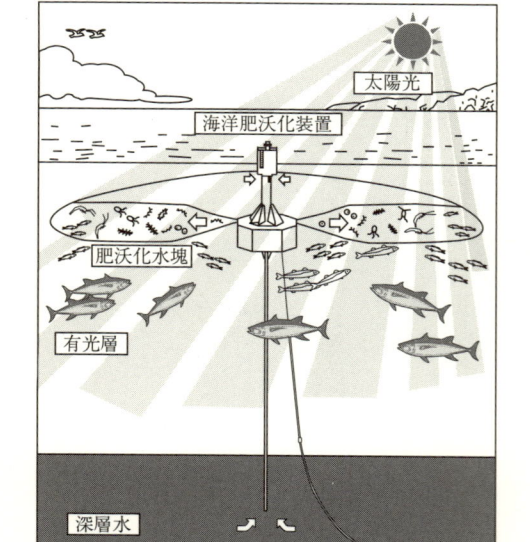

図6・5 相模湾における海域肥沃化実験

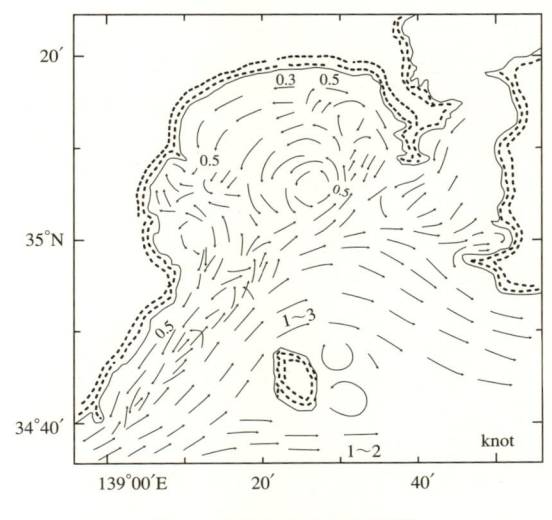

図6・6 相模湾で見られる環流[7]

結果,スパー型浮体構造と鋼管ライザーを採用した取水装置「拓海」は,全天候型のシステムとなり安全な稼働状態が保持され,エンジン・揚水ポンプを含む取放水システムも月1回の現場でのメンテナンスで,概ね1年間の連続運転・汲み上げが達成されている.

　肥沃化評価は実験段階であるので,これまでの経過を以下に示す.自動昇降型CTD(伝導度(塩分)・水温・水深計)を搭載した漂流ブイ[9,10]で水深20mに放流された混合水(深層水:表層水=1:2の混合)を追跡しながら,水深5〜40m間の水温・塩分の鉛直分布を時系列的に計測し,その間の鉛直分布パターンおよびT-Sダイアグラムを,深層水取水装置の上流側(参照点)における観測データと比較し,放流水の拡散・希釈過程を検討した.その結果,T-Sダイアグラム上で,放流水と周辺海水が明瞭に区別でき,水深10〜30mに放流水の存在が認められた(図6・7).下流側の異なる水深に複数の放流水が存在することや,放流後に希釈されるが,放流水の残存率は,下流側の3kmでも40%程度(205mの深層水を基準にすれば13%)という高い値で維持されていることが確認された(図6・8).このことから,"放流深層水は植物プランクトンの光合成が行われる有光層に滞留すること"が明らかとなり,本方式

による肥沃化の可能性が示唆された．現在，成層が発達する夏期を中心にウラニン染料，SF₆化学トレーサーで放流深層水をマーキングして追跡する方法を中心に据えて，植物・動物プランクトンの船上培養実験，時間分画式セディメントトラップの長期係留などを加えた海洋調査により，肥沃化評価試験が継続されつつある．

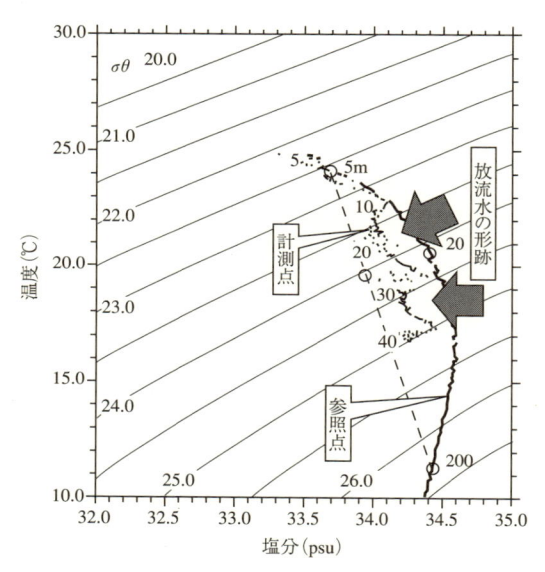

図6・7 参照点と海洋深層水取水装置「拓海」付近のT-Sダイアグラム

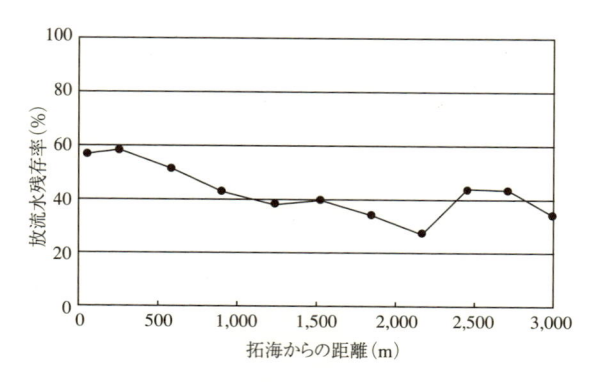

図6・8 漂流ブイの流軸上における放流水の残存率．残存率と「拓海」からの距離との関係を示す．

§3. 洋上肥沃化の試算：取水規模と生物生産量

海域肥沃化の現状と将来の展望を示すために，図6・9に深層水取水量と期待される生産量を示す[3]．この図では以下のような前提を設けて，深層水の利用による漁業生産量の増加分を見積もった．$30\mu M$の硝酸塩（相模湾の水深500 mを想定）を含む深層水を汲み上げ有光層に放水した時に，硝酸塩はすべて植物プランクトンの光合成に利用される．この時に，植物プランクトンはレッドフィールド比（モル比でC:N＝106:16）に従って栄養塩類を取り込み，有機物生産をすると仮定する．さらに，湧昇海域の生態効率（0.2）を適用し，炭素量から浮き魚類の湿重量へと換算した．

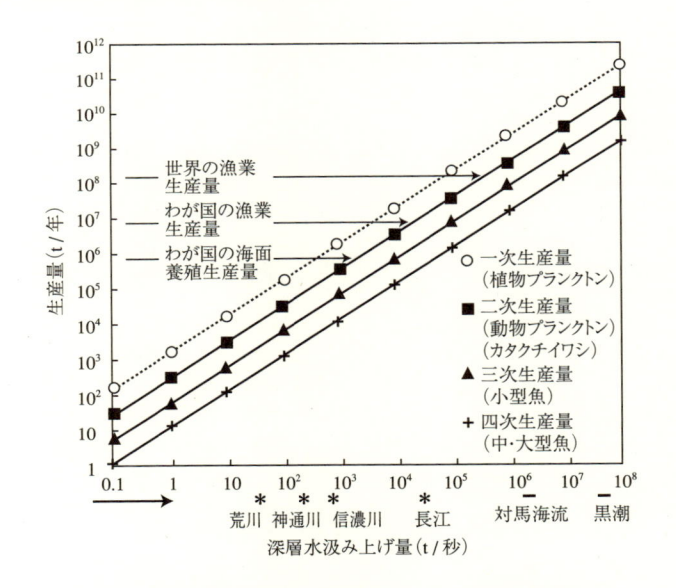

図6・9 海洋深層水汲み上げ量と期待される生産量増加分の関係

深層水汲み上げ量の現状レベルは，0.1～1 t／秒程度（日量1～10万t程度）であり，期待される二次生産量は（動物プランクトンや藻食性イワシ類）数十t／年から数百t／年の規模と推定される．現段階では，小規模であるため効果も小さいが，仮に長江の流量並みの深層水を汲み上げれば，わが国の漁業生産量の相当量を賄うことが可能となり，さらに黒潮流量規模で深層水を汲み上げれば，世界の漁業生産量程度の増加となる．しかし，これほどの大規模取水と

なると，肥沃化効果という本来の利点とともに，予期せぬ影響がでてくる可能性も否定できない．海洋内での自然循環型方式であるため環境負荷は一般に少ないと考えられるが，大規模取水を想定した人為操作の許容範囲とリスク評価に向けた研究が将来的には必要とされる．

さらに，洋上肥沃化のための設備費，耐用期間のメンテナンス費，燃料費などの総費用額と浮魚単価からの年間売上額（漁業生産増加便益）による費用対効果の試算も行われつつある．今後，「拓海」による洋上肥沃化実験の結果も踏まえて，信頼性の高い費用対効果の試算結果が得られることが期待される．

文　献

1) J. H. Ryther: Photosynthesis and fish production in the sea, Science, 166, 72-76 (1969).
2) C. M. Lalli and T. R. Parsons: an introduction, Biological oceanography, Pergamon Press, 1993, pp.115-120.
3) 井関和夫：海洋深層水による洋上肥沃化－持続生産・環境保全型の海洋牧場構想－，月刊海洋／号外，22, 170-178 (2000).
4) 高橋正征・井関和夫：総論21世紀の資源としての海洋深層水，同誌，22, 5-10 (2000).
5) M. Takahashi and T. Ikeya: Ocean fertilization using deep ocean water (DOW), Deep Ocean Water Research, 4, 73-87 (2002).
6) K.Iseki, H. Nagata, K. Furuya, T. Odate, and A. Kawamura: Effect of artificial upwelling on primary production in Toyama Bay, Japan, Proc. the 1994 Mie Internat. Forum and Symp. on Global Environment and Friendly Energy Technology (eds. by Y. Shimizu, S. Kato and M. Hoki), Mie Academic Press, 1994, pp.458-462.
7) S. Iwata and M. Matsuyama: Surface circulation in Sagami Bay-the response to variations of the Kuroshio Axis, J. Oceanogr. Soc. Japan, 45, 310-320 (1989).
8) 大内一之：深層水を利用した海洋肥沃化の研究開発，海洋開発ニュース，22, 170-178 (2002).
9) 井関和夫：散布深層水の挙動把握と海域肥沃化に関する研究：漂流ブイと自動昇降型CTD・クロロフィル計の有効性について，海洋深層水研究，3, 83-90 (2002).
10) 井関和夫・大村寿明：汲み上げ深層水の挙動把握手法：相模湾における自動昇降CTDと流速計を搭載した漂流ブイの性能試験，同誌，5, 31-41 (2004).

7. 藻場造成

藤 田 大 介[*]

　近年，8割を超す沿岸都道府県で藻場が衰退傾向にある．藻場の衰退は，国内では「磯焼け」と呼ばれ，古くから知られてきたが，衰退の実態は，各海域の地形，海域特性，生物の種組成，沿岸利用の歴史などによって様々で，時代によっても変遷がある[1]．近年の衰退は，海藻・海草が，①ウニや魚に食われる，②高水温や貧栄養で枯れる，③海域の静穏化や堆積物の増加で次世代が生えなくなる，④暴風によって海底基質から剥がされる，のいずれかまたは組み合わせで発生し，長期化する場合も多い．また，自然の変動による現象とみなされる場合もあるが，国内では，海岸や河川の環境改変，沿岸資源の乱獲，種苗放流や移植などによる人為的な影響も大きい[2]．このような状況で，主に水産土木的手法による藻場の回復・造成が各地で盛んに行われてきた[3]が，成功事例は少なく，経済性，持続性，環境への影響などの問題がある．近年，海洋深層水（以下，深層水）の利用が注目を浴び[4]，取水施設では余剰水や飼育排水が沿岸域に放水されている．深層水は，表層海水と比べて低温で栄養塩に富んでいることから，取水地沿岸の藻場が上記の①や②の理由で衰退している場合には，余剰もしくは使用済みの深層水を放水することに対して藻場の回復や造成への期待がある．現時点では，まだ明確に深層水による藻場造成の実例といえるものは見当たらないが，ここでは国内の藻場の衰退状況について述べ，これまでの藻場造成を省みるとともに，関連する事例や実験例を紹介する．

§1．藻場の衰退状況

　冒頭に述べたように，藻場の衰退は深刻化しており，これを問題視する沿岸都道府県は確実に増えている．図7・1の上段に示した通り，1900年頃に藻場の衰退が問題となっていたのは僅か8道県（現在の行政区分）であったが，1980年には20の都道府県を超えた（図7・1の中段）．また，2005年に都道府県を

---
[*] 東京海洋大学

対象として実施されたアンケート調査[5]（緊急磯焼け対策モデル事業：平成16〜18年度，水産庁補助事業）では，冒頭にも記した通り8割を超え，33都道府県で藻場の衰退を認めている（図7・1の下段）．なお，行政サイドで藻場の衰退を認めていない県でも，実際には研究者レベルで藻場の衰退が多少とも確認されていることが多い．

このアンケート調査によれば，各地の藻場の衰退様式[1]は，「丸焼け」（浅所から深所まで全般的に衰退）か「沖焼け」（藻場の沖側が衰退）が普通であるが，都道府県によっては「中焼け」（衰退域の岸側と沖側に藻場が残存），「岸焼け」（藻場の岸側が衰退），「ハロ」（円形脱毛症状の衰退）も認められる．藻場衰退の要因としては，植食動物による食害が多くの都道府県で問題視されており，北日本ではキタムラサキウニ，南日本ではムラサ

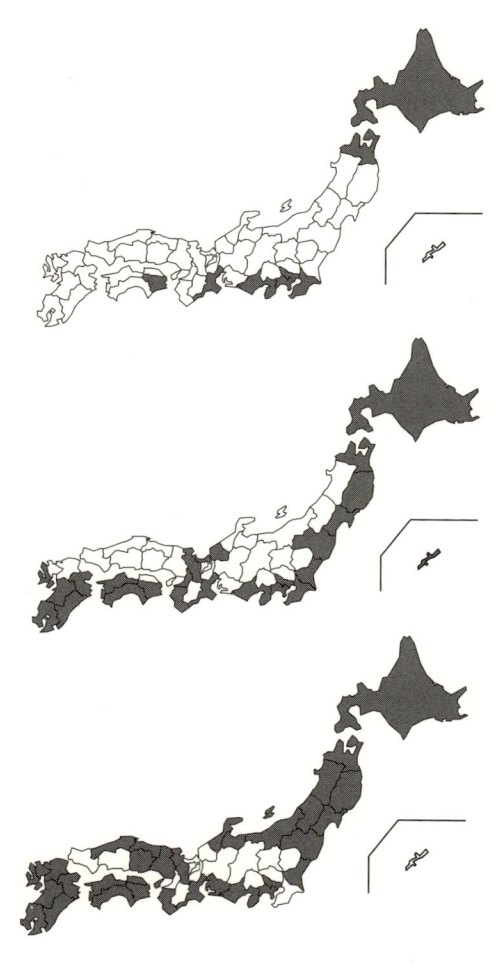

図7・1　藻場衰退域を抱える都道府県の推移
上段：1900年頃，中段：1980年，下段：2005年．都道府県単位で整理しており，各沿岸全域での衰退を示すものではない．

キウニ，ガンガゼ，アイゴ，ブダイ，イスズミ，ニザダイなどが食害種としてあげられた．植食動物による食害以外にも，沿岸の静穏化・濁りの増大，水温上昇・海況変化などが指摘され，局所的には漂砂や火山灰の堆積，海底湧水の

減少，貧栄養化などが原因としてあげられた．また，藻場の衰退との関連は不詳であるが，藻場衰退域の周囲に漁港や防波堤，発電所（温排水），養殖施設，人工礁などが存在するケースもいくつかの県で指摘された．

§2. 藻場造成
2・1 従来の技術と問題点
　藻場造成という行為の実態は，①藻場新設，②藻場移設（ミチゲーション）および③藻場回復（再生，修復）の3つにまとめることができる．このうち，①と②は海藻着生面の造成が主体で，本来の藻場造成といえる．これに対して，③は，前節で述べたような藻場衰退域において，「藻場形成阻害要因」[6]の排除を基本として行われるべきもので，この点で①や②とは一線を画す．しかし，歴史を振り返ると，国内各地で公共事業としての性格の強い藻場造成の手法が乱用されてきた経緯があり，「藻場形成阻害要因」が大きく作用する区域では全く効果が発現・持続されなかったり，さらに状況を悪化させたりしたケースも多い．これまでに実施されてきた藻場造成・回復技術については，近年，上記の「緊急磯焼け対策モデル事業」の中で体系化[7]が試みられたが，ここでは表7・1のように整理して問題点を列挙してみた．

　雑藻の繁茂が対象海藻の群落形成を阻害する要因となっている場合の造成・回復手法としては①基質面の更新，基質が不足していると考えられる場合には②基質面の造成，ウニや魚の食害が顕著な場合には③害敵の駆除や海藻の防御，海藻の遊走子や胞子の供給が少なく「タネ不足」が考えられる場合には④母藻投入や種苗供給，海域の貧栄養が制限要因と考えられる場合には⑤施肥を選択すべきである．表7・1の中には具体的な要素技術を列挙してあるが，いずれも「一長一短」で，多くの場合，効果を持続させるためには定期的なメンテナンス作業が必要である．特に「藻場形成阻害要因」が大きく作用している場合，構造物の設置によって投石やブロックなどの耐用年数（通常は30年）に見合う持続的な効果が得られることは極めてまれで，構造物自体の劣化のほか，好まざる生物の蝟集効果や周辺への影響などの弊害が起こりうる．例えば，ウニが増えすぎた磯焼け地帯に投石やブロック投入を行い，かえってウニの住処を造成してしまうというような例は数多く知られている．なお，「藻場形成阻

害要因」が海況の変化に伴う高水温や暴風，沿岸環境の悪化による海水流動の低下や浮泥の堆積である場合，有効な藻場造成・回復技術はない．

表7・1 藻場の造成・回復技術とその問題点

技術区分	要素技術例	問題点
①着生面更新（磯掃除）	海底洗耕機，高圧水噴射，バックホウ，岩礁爆破・爆掃	費用，労力，作業効率，効果の持続性，海底地形の変更，雑藻以外の生物への影響
	チェーン振り	波まかせ→静穏時に無効
②着生面造成	投石，ブロック投入	費用対効果，効果の持続性，劣化時の撤去，漂砂に埋没，特定生物の増加（例：ウニ住処を造成→除去困難），流動環境の変更
	導流溝	費用，海岸侵食の助長
③害敵駆除・侵入防止	ウニ採取	要員確保（漁業者減少・高齢化・兼業化），委託費用，空ウニ処理，移植先（人為的な磯焼け拡大）
	フェンス（対ウニ，魚）	劣化・廃棄処理，暴風時の破損
	嵩上げ	費用対効果（安定性，水深帯の制限），流動環境の変更
	代替餌料給餌	莫大な餌の確保，費用，労力
④母藻・種苗供給	スポアバッグ	事後回収，成熟藻体の確保
	移植ブロック・プレートなど	育成費用・労力，設置労力
	備蓄礁	移設費用，先行設置への影響（他は②の投石・ブロック投入と同じ）
⑤施肥	化学肥料・鉄の散布	費用・労力，効果の持続性・拡散防止，他の生物・環境への影響
	栄養塩溶出型ブロック	効果の持続性（他は②投石・ブロック投入と同じ）
	湧昇堤・人工湧昇？	効果消失時の撤去，他の生物への影響

2・2 海洋深層水の利用

藻場の造成・回復技術（表7・1）のうち，深層水は③～⑤への応用が考えられる．このうち，④母藻・種苗供給では，陸上施設における母藻の成熟促進や種苗育成に深層水を用いることになる．これまでにコンブ類を中心に，深層水を活用した成熟促進[8]の手法が確立されている．例えば，深層水にコンブ葉状部（先端部）片を垂下しておくだけで子嚢斑が形成され，成長帯を含む藻体基

部から再成長した葉状部片の剪定を繰り返せば，周年，種苗を作成することができる．藻場の造成・回復の技術としては，間接的ではあるが，栄養塩，低温性，清浄性など，放水前の（＝拡散による損失のない）深層水の特性をフルに活用できる利用方法の1つである．

　一方，沿岸域に排水した深層水を利用する場合には，栄養塩の供給や水温の低下によって施肥（⑤），あるいは植食動物の侵入防止や活力低下（③）を図ることが考えられる．しかし，現在稼動中の深層水利用施設の立地条件を見ると，必ずしも前浜の藻場が衰退しているわけではなく，ましてや栄養塩が不足しているわけではない．以下に，主要施設における深層水の排水の実態を紹介する．

§3. 海洋深層水排水の実態

　現在，北海道の羅臼から沖縄県の久米島まで，全国16ヶ所（表7・2）の深層水の陸上取水施設が稼動している．このうち，取水量が最も大きいのは沖縄

表7・2　国内における海洋深層水取水施設の取水量と放水場所

施設名	取水量*	放水場所
知床らうす深層水取水施設	50 m^3/日	漁港内
岩内湾深層水取水施設	3,000 m^3/日	漁港内
熊石海洋深層水総合交流施設	3,500 m^3/日	外海砂浜域
佐渡海洋深層水利活用施設	1,200 m^3/日	漁港内
能登海洋深層水施設	100 m^3/日	漁港内
富山県水産試験場深層水利用研究施設	3,000 m^3/日	農業用水
滑川海洋深層水分水施設アクアポケット	2,000 m^3/日	漁港内
入善海洋深層水活用施設	2,400 m^3/日	農業用水
三浦ディーエスダブリュ株式会社	1,000 m^3/日	外海岩礁域
株式会社アクアミレニア（東京都大島町）	500 m^3/日	外海岩礁域
駿河湾深層水利用・研究施設	4,000 m^3/日	漁港内
みえ尾鷲海洋深層水	2,885 m^3/日	内湾
高知県海洋深層水研究所	920 m^3/日	外海岩礁域
室戸海洋深層水アクアファーム	4,000 m^3/日	外海岩礁域
こしき海洋深層水株式会社	400 m^3/日	内湾岩礁域
沖縄県海洋深層水研究所	13,000 m^3/日	水深25 m

＊排水量の目安として掲げた．

県久米島の13,000 t／日で，それ以外はすべて数十～数千 t／日である．各地とも，取水した深層水は陸上での分水事業により多少とも減水し，余剰水，魚介類などの飼育排水，熱交換排水などが低温や栄養塩を保持したまま，あるいは淡水や表層海水で多少とも希釈された状態で，排水口から沿岸域に放水されることになる．

　沖縄県の場合は，表層海水（取水量：13,000 t／日）と合わせて26,000 t／日前が排水されているが，海面ではなく深所（水深25 m）に放水されている．それは，熱帯・亜熱帯域のサンゴ礁では富栄養化が進行するとサンゴが藻類に覆われてしまうので，環境への負荷を最小限に留めるためである[9]．同じ理由で，徹底した排水管理を行っているのがハワイ島コナのNELHA（自然科学エネルギー研究所）で，ここでは海域への直接放水を行わず，陸上において地下浸透排水を行っている．各利用施設からの排水は側溝や池を通して溶岩台地に消散させており，排水地点の周囲では8ヶ所のモニタリング井戸を設けて毎月モニタリングを実施し影響評価を行っている[10]．

　富山湾に面した滑川市や入善町の場合，深層水の排水は農業用水に放水されており，滑川市では漁港内に，入善町の場合には離岸堤に当たるような形で海に流れ込んでいる．いずれの場合も農業用水の流量が深層水の放水量と比べてはるかに多く，低密度排水となり海面に沿って拡散するため，海底の藻場への影響は把握できない．滑川市や入善町では，昨今，藻場の衰退が顕著ではあるが，衰退は藻場の沖側や中程で起こっており，主として沿岸改変による静穏化やダム排砂による泥の堆積が原因であるため，仮に深層水が藻場に直接放水されても，栄養塩の供給や水温低下の効果によって藻場が回復するとは考えにくい．

　現時点で深層水が外海の磯焼け地帯に排水されているのは高知県深層水研究所（室戸市）だけで，地先沿岸における藻場の分布のほか，ウラニン染料を用いて着色された深層水排水の挙動が調べられている[11,12]．報告によると，放水された低温の深層水は海底面に沿って徐々に拡散し，潮流の影響を受けながら，沖側150 m，南北に360 mの中・表層に拡散したという．この際，着色された水塊が岩礁の間隙に滞留したり，距岸約30 mの潜堤を超えたりしているのが観察されている．さらに，放水口周辺海域の有用海藻（ホンダワラ，カジメ，

テングサ類)の分布域が着色水塊の拡散水域とよく一致し，巻貝やウニなどの底生動物も多かったのに対して，拡散区域外では石灰藻が主体となっていて磯焼け状態を呈し，底生動物も少なかったという．このように，当該地先では小規模な藻場の存在を深層水による影響としているが，残念なことに，放水開始前の植生や海底の様子が調べられていなかったため，本当にこれが深層水のもたらした結果なのかどうかは明らかではない．確かなことは，排水口から深層水が滴り落ち，澪筋に種々の海藻が生えていることくらいである．詳しい経過観察は行われていないが，同様の状況は，海外ではノルウェーのボードー大学が所有する深層水取水施設の排水口でも認められ，排水口のある小さな入り江では明らかに周囲と異なる海藻植生が認められる[13]．

日本海洋開発産業協会は，1998～2003年，この海域をモデルケースとし，深層水(100万t/日)を発電所冷却水として使用した後で沿岸に排水した場合の影響を予測した．この結果，排水口周辺と沿岸潮流の下流側の限られた範囲でのみ藻場が維持される可能性が示された．一連の研究では，沿岸域に深層水排水を滞留させる排水方式の検討や港内の一角における小規模排水実験も行われた[14]．

§4. 藻場回復のための基礎研究
4·1 貧栄養下の藻場衰退域

現在，代表的かつ慢性的な藻場の衰退域となっているのが北海道南西岸である．ここでは少なくとも1930年頃より，多少の年変動を繰り返しながらもコンブなどの海藻群落が衰退し，キタムラサキウニと無節サンゴモが優占する貧植生状態が続いている[15]．これまでに，藻場衰退の原因としては海況の変化(冬季水温の上昇)や沿岸利用の変遷，持続要因としてはウニのグレージングが考えられている．ただし，この沿岸は流入河川が少なく，海域特性として貧栄養が古くから指摘されていた．また，和人最初の入植地(西蝦夷地)であり，暖房・ニシン煮出し用の燃料として広く森林が伐採されたほか，乱獲のためにニシンの来遊が途絶し，群来汁(放精による白濁液)や加工廃液による栄養添加がなくなった．その後も水産加工残渣(イカゴロ(内臓)など)の投棄が制限され，栄養塩の地域的な物質循環が弱まった可能性も指摘されている[16]．水

産加工残渣のうち，固形残渣は肉食動物（カニ，ヒトデ，魚，雑食という意味ではキタムラサキウニも含む）の餌となり，溶出した栄養塩は海藻が利用していたと推察される．このような栄養添加は毎年春〜初冬に起こるpredictabilityの高い事象であったが，衛生上の問題や水産加工の効率化（加工場への集約化）を理由に沿岸へ還元されることがなくなり，群集構造や分布の平衡が移動した可能性が考えられている．

このような貧栄養状態を改善するため，1985年頃，水深100〜150mの海底に高さ35m，延長5kmの人工海底山脈を構築し，人工湧昇流を起こして沿岸を肥沃化する計画が提案されたことがある．しかし，予算規模が200億円と大きく，実現はしなかった．

4・2 取水深層水による流水培養実験

筆者は，富山湾で取水している深層水を用い，同じ日本海に面する北海道南西岸の磯焼け地帯の転石（ほぼ全面を無節サンゴモが被覆した拳大の石，以下，単に石という）にかけ流し，潜在植生を明らかにする屋外培養実験を行った．同様の屋外培養試験は，以前，同じ磯焼け地帯の表層海水（貧栄養海水）をかけ流しながら実施しており，この時の知見を参考にして深層水（富栄養海水）版の試験をやってみたわけである[17]．富山湾の深層水（水深321mより取水）は日本海固有水と呼ばれる1℃前後の低温海水で，陸上への取水後も約3℃にすぎず，概ね4〜24℃の範囲で季節変化を示す北海道南西岸の水温と比較しても冷たすぎるので，実験には11℃の加温深層水（魚類飼育用に17℃地下水との熱交換だけに用いた深層水）を用いた．

最初の実験[18]では，2000年6月，すなわちホソメコンブの伸長期に北海道大成町長磯の磯焼け地帯の海底（水深3m）から採集した石を3個ずつ水槽（36 l 容）に収容して深層水をかけ流した．試験区としては小型巻貝10個体を入れた区と入れない区（対照区）を設けた．ちなみに，富山湾深層水の栄養塩は，北海道南西岸の表層水と比べて窒素（硝酸塩）で10倍程度多く含まれる．この結果，対照区では1週間後から石が顕著に付着珪藻に覆われたのに対して，貝を入れた区では石がきれいなままであった．また，貝を入れた区では，ホソメコンブをはじめ，ケウルシグサ，ダルス，マクサ，イギスなど16種の海藻が，石の裏側，無節サンゴモ間の岩肌，無節サンゴモの突起間，貝殻の上など

から出現した．コンブはすべて石の裏側（側面に近い部分）から生え，半年後，160 cm を超えて成熟した．実際の海で本実験のように水温が11℃（北海道南西岸の初夏または初冬に相当）と高ければ，ウニや巻貝などの摂餌が盛んとなるためにコンブなどが芽生えても摂餌されてしまうと考えられるが，栄養塩が十分にあれば種々の海藻が発芽・生育しうることが確かめられた．

なお，貝を入れた区では無節サンゴモに替わって殻状褐藻が石の表面を被うようになり，磯焼け以前の状態と言われる「茶色い海底」を再現することができた．また，栄養塩とともに小型巻貝クラスの適度のグレージング（ウニの場合よりも軽微）が付着珪藻を除去して多くの海藻の生育を助長している可能性も示唆された．

以下，同じ水槽を用いた実験は，少しずつ着眼点を変えながら2回繰り返した[19]．第2回目の実験は，2000年11月，すなわちホソメコンブの成熟期でもあったため，コンブ遊走子を予め無節サンゴモに覆われた石の上に播種してから加温深層水をかけ流した．この結果，貝を入れた区では拳大の石の上に数十本のコンブが生育した．貝を入れなかった区では，先の実験と同様，石の表面が著しく珪藻に覆われたが，コンブも数本生えた．ちなみに，この実験期間は，無節サンゴモ（優占種エゾイシゴロモ）の成熟期でもあったため，珪藻に覆われた無節サンゴモの表面を観察した結果，マット状の珪藻塊の中に無節サンゴモの胞子や発芽体が捕捉されているのが見つかった．Ichikiら[20]は，エゾイシゴロモは貧栄養条件で発芽速度が大きいことを明らかにしているが，今回の実験により，そもそも富栄養条件では無節サンゴモが付着珪藻との直接的な競合に負けるだけでなく，その繁殖が抑制される可能性があることを示すことができた．

3回目の実験では石の採集地を変えて実施した．外海に面した水深7 m（砂地との境界）で石を採集し，泳いで上がる間に海藻の遊走子や胞子が付着しないように直ちにビニール袋に包んで持ち帰り，深層水の入ったクーラーボックスに移し変えて輸送した．この実験は，熱交換器の目詰まりのため，水温11℃を維持できず，5℃前後まで低下した．貝を入れた水槽では最初の実験と同様にホソメコンブ，ケウルシグサ，ダルスなどが生え，新たにワカメやスジメも出現した．一方，貝を入れない水槽でもホソメコンブは若干生育したが，

石ごと付着珪藻に覆われ，成長も芳しくなかった．

　3回の実験から明らかなのは，北海道南西岸の磯焼け地帯の海底（少なくとも転石地帯）には種々の海藻の発芽体が無数に潜んでいることで，コンブやワカメを始めとする様々な海藻の生育がウニのグレージングだけでなく栄養塩不足によっても抑制されている可能性が示されたといえる．また，これらの海藻の避難領域となっているのは，石の裏，無節サンゴモ間の隙間の岩肌，無節サンゴモの突起間および貝殻の上であり（図7・2），水温がそれほど下がらなくても（具体的には11℃程度でも），栄養塩が十分にあれば種々の海藻が生える．さらに，動物の摂餌圧に応じて，無節サンゴモの優占による桃色系の海底から付着珪藻や殻状藻類に覆われた褐色系の海底（磯焼け以前の海底と言われる）に遷移し，特に付着珪藻の繁茂は無節サンゴモの繁殖をも妨げる．このように，磯焼け地帯における海藻間の競合は無節サンゴモとコンブの単純な2局対決ではなく，他の小型海藻，殻状海藻および付着珪藻を絡めた多種間関係が存在する．

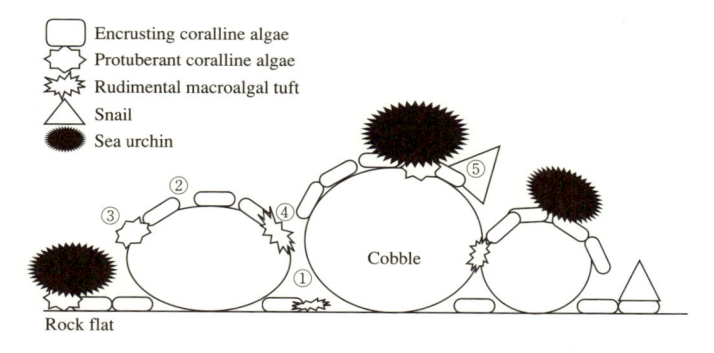

図7・2　北海道南西岸における磯焼け地帯における海藻の避難領域[20]
①礫表面（主に間隙となる面中下），②無節サンゴモ間の間隙，③無節サンゴモの突起（分枝）の間隙，④テングサなど痕跡的に生える海藻の基部付近，⑤巻貝の貝殻表面

§5. 実際の藻場造成・回復に向けた問題点

　筆者が磯焼け回復のための水槽実験のモデル海域とした北海道南西岸においても，岩内町では，港内ではあるが，深層水の排水域に畳2畳分ほどのコンブ群落が形成されているという．実際に深層水が沿岸域へ排水される場合には，

拡散に伴って栄養塩の希釈が起こるので，放水規模に応じた局所的な効果しか期待できない．したがって，藻場造成・回復の分野でも，深層水には，従来のハード事業とは異なる技術として期待されるものの，本質的には表7・1⑤施肥に示した問題点がほぼそのままあげられることになる．

ただし，深層水の散布は，繰り返し化学肥料の散布を行う手法と比べれば，少なくとも労力および効果の持続性の点で優っており，陸上での別途利用目的で取水施設が整備される限り，費用の面でも大幅な削減が期待できる．また，従来の栄養塩溶出型ブロック（表7・1⑤）の場合には効果の持続性が問題となるが，深層水の排水を利用した深層水滲出型ブロックなどが開発されれば，その懸念は払拭されることになる．湧昇堤（表7・1⑤）の場合は，大規模な構造物が必要となり，効果消失時または不要時の撤去が困難なことが最大の難点であるが，陸上で取水した深層水の排水を散布する場合にはこのような構造物は不要である．

今後，深層水を藻場造成・回復の目的で放水する場合には，開放的な海岸より漁港や離岸堤の内側のような半閉鎖的空間に放水する方が明瞭な効果が得られるであろうし，開放的な海岸に放水せざるを得ない場合でも，岸向きに流すか構造物に当てる放水などを検討すべきである．

以上は陸上施設から排水される深層水を利用した従来型の施肥技術の代替・改良であるが，そのほかに，数十万円程度の費用で実施可能な簡易洋上取水[20]の応用も考えられる．イメージとしてはエスカレーターや梯子車のような移動式のエネルギー自給（もしくは省エネ）型簡易取水・散布装置が100～500万円/基程度で開発されれば，これを一定期間ごとにずらせていくことにより順次藻場を拡大させることも可能かもしれない．

ただし，§3．でも述べたように，沿岸環境が悪化している場合には，深層水を放水したとしても海藻の生育効果は期待できないし，逆に富栄養による藻場の衰退も招きかねない．例えば，テングサ群落では，古来，付着珪藻の大発生による劣化が知られている[21]が，少なくとも深層水原水や低希釈水を用いた実験[22]では短期間にこの珪藻が増殖を始めることが確かめられている．海域においてもこのような現象を誘発する可能性もあるので，詳細かつ慎重な検討が必要である．

文　献

1) 藤田大介：磯焼け，21世紀初頭の藻学の現況（日本藻類学会編），2002，pp.102-105.
2) 藤田大介：藻場からの警告—共生の海を目指して，日本海学の新世紀6 海の力（蒲生俊敬・竹内　章編），角川書店，2006，pp.242-255.
3) 桑原久実・綿貫　啓・安藤　亘・川井唯史・寺脇利信・横山　純・藤田大介：文献から見た磯焼け対策研究の歩み，水産工学，43，81-88 (2006).
4) 中島敏光：21世紀の循環型資源—海洋深層水の利用，緑書房，2002，263pp.
5) 桑原久実・綿貫　啓・青田　徹・横山　純・藤田大介：磯焼け実態把握アンケート調査の結果，水産工学，43，99-108 (2006).
6) 寺脇利信・新井章吾・川崎保夫：藻場の分布の制限要因を考慮した造成方法，同誌，32，145-154 (1995).
7) 桑原久実・綿貫　啓・青田　徹・安藤　亘・川井唯史・寺脇利信・横山　純・藤田大介：磯焼け対策の要素技術の整理，同誌，43，89-98 (2006).
8) 松村　航・藤田大介：海洋深層水培養コンブの介生生長に基づく自給型アワビ養殖の提案，海洋深層水研究，3，53-63 (2002)
9) 当真　武：沖縄県における海洋深層水の利用研究，海洋深層水利用研究会ニュース，4 (1)，6-8 (2000).
10) 高橋正征：ハワイ自然エネルギー研究機構（NELHA）の概要，同誌，4 (2)，2-5 (2000).
11) 谷口道子・細木光夫・岡本　充・岡村雄吾：海洋深層水放水が海域の藻場等生態に及ぼす影響 I，高知県海洋深層水研究所報，4，26-43 (2000).
12) 鍋島　浩・渡辺　貢・土井　聡・谷口道子：海洋深層水放水が海域の藻場等生態に及ぼす影響 II，同誌，4，44-59 (2000).
13) 藤田大介：ノルウェーのボードー地域大学における海洋深層水の取水施設の紹介，海洋深層水利用研究会ニュース，8 (2)，2-5 (2004).
14) 池田知司：環境影響評価技術の開発，同誌，8 (1)，11-12 (2004).
15) 藤田大介：磯焼け，21世紀の海藻資源—生態機構と利用の可能性（大野正夫編），緑書房，2000，pp.53-86.
16) D. Fujita: Nutrients and snail grazing affect recovery of algal vegetation on cobbles transplanted from a barren ground in southwestern Hokkaido to aquaria, Jpn. J. Phycol., 52 (Suppl.), 23-32 (2003).
17) 藤田大介：海洋深層水をかけ流した磯焼け地帯転石の植生回復 I，海洋深層水研究，2，57-64 (2001).
18) 藤田大介：海洋深層水をかけ流した磯焼け地帯転石の植生回復 II，同誌，4，1-9 (2003).
19) S.Ichiki, H.Mizuta, and H.Yamamoto: Effects of irradiance, water temperature and nutrients on the growth of sporelings of the crustose coralline alga Lithophyllum yessoense Foslie (Corallinales, Rhodophyceae), Phycol. Res., 48, pp. 115-120 (2000).
20) 藤田大介：船舶とソフトパイプの利用による海洋深層水の簡易連続取水，月刊海洋／号外，22，pp.1-4 (2000).
21) 藤田大介：テングサ，藻場の海藻と造成技術（能登谷正浩編），成山堂書店，2003，pp145-160.
22) 松村　航・渡辺　健・南條暢聡・浦邊清治・林　正敏・池田知司・藤田大介：海洋深層水を用いたマクサの培養と富山湾深層水放水域での成長予測，海洋深層水利用研究，6，1-8 (2005).

8. 環境への影響

池 田 知 司*

　経産省や水産庁が中心となり，海洋深層水（以下，深層水）を大量（10^5～10^6 m^3／日以上）に取水し，その低温性や富栄養性を利用しようとする試みが進められている．1つは深層水を発電所冷却水に利用することにより，火力発電所の発電効率の向上を図るとともに，冷房・冷凍施設などの省エネルギー化や低コスト海水淡水化などの産業利用である．もう1つは，海域に大量散布し海域を肥沃化し，海洋生物資源の増大を図ろうとするものである．このような新事業を計画する場合，想定される環境への影響を予測し，事業便益と併せて総合的な判断を行う必要がある．

　深層水の水温は表層水に比べて低く，季節的な変化も小さいため，これを発電所冷却水として利用できれば発電効率が向上し，地球温暖化対策に貢献できる可能性のあることが明らかとなった[1]．一方で，深層水を昇温して大量に放流した場合の沿岸環境への影響についても検討された[2,3]．ここでは60万kW級LNG発電所（取水量最大10^6 m^3／日）において，深層水を最高15℃昇温して放流した場合の沿岸環境への影響を検討した事例を示す[4]．

§1. 海洋深層水の大量取・放水影響

　既存の火力発電所の運転に伴う環境影響についてはすでに多くの検討事例がある．深層水の大量取・放水の影響は,これらに加え深層水に特有に起こる現象も考慮する必要がある．既存発電所の取・放水影響と共通の現象として，生物連行や排水拡散（温度変化）があげられる．一方，深層水の利用によって起こる現象として，放水域における高栄養塩の拡散や水温変化との複合作用，CO_2放出の可能性あるいはpH変化を考慮しなければならない．

1・1 取・放水に伴うCO_2の挙動

　海水中の全炭酸はCO_2，H_2CO_3，HCO_3^-およびCO_3^{2-}より構成され，海洋へ

---

* （株）環境総合テクノス（旧関西総合環境センター）

の炭酸の供給は主に大気-海洋間のCO_2ガスの交換によって起こり，生物活動によって有機物（光合成）や炭酸カルシウム（石灰化）に変化し，深層に移動し，この間に分解を受け深層水中の全炭酸濃度が高くなる（図8・1）．

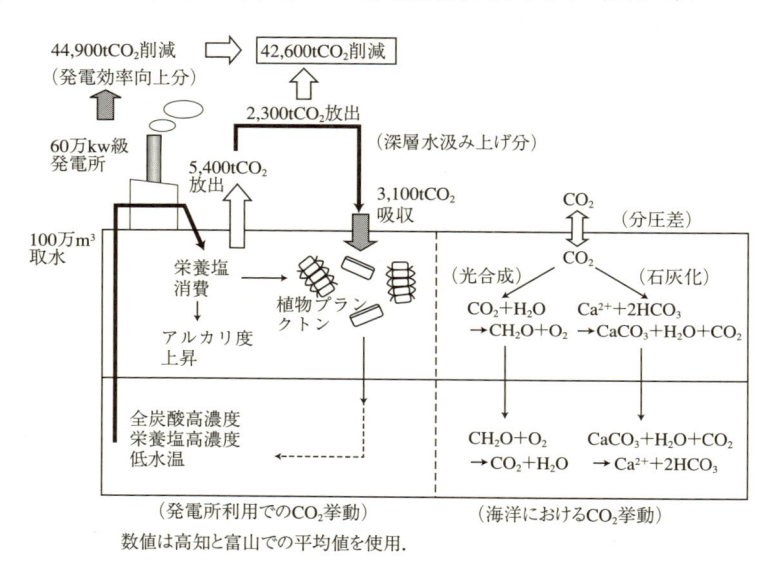

```
44,900tCO₂削減         42,600tCO₂削減
（発電効率向上分）

                2,300tCO₂放出
  60万kw級                           （深層水汲み上げ分）
  発電所   5,400tCO₂
          放出         3,100tCO₂         CO₂
100万m³                  吸収                    （分圧差）
取水                                      CO₂
          栄養塩
          消費      植物プラン  （光合成）    （石灰化）
                   クトン      CO₂+H₂O     Ca²⁺+2HCO₃
          アルカリ度              →CH₂O+O₂    →CaCO₃+H₂O+CO₂
          上昇

          全炭酸高濃度
          栄養塩高濃度             CH₂O+O₂     CaCO₃+H₂O+CO₂
          低水温                   →CO₂+H₂O    → Ca²⁺+2HCO₃

        （発電所利用でのCO₂挙動）  （海洋におけるCO₂挙動）
          数値は高知と富山での平均値を使用．
```

図8・1　海洋深層水の発電所冷却水利用に伴うCO_2の挙動

深層水を汲み上げた場合，高濃度の全炭酸を含む深層水が大気に接触すれば，深層水中の炭酸がCO_2となって大気中に放出される可能性がある．一方で深層水中には有機物の分解によって高濃度の栄養塩が存在し，これを利用して植物プランクトンが増殖すれば，CO_2は有機物に変換される．栄養塩濃度が全炭酸濃度に比べて相対的に高くなれば，大気中から海水中にCO_2が流入し，その逆であればCO_2は大気中に放出されることになる．汲み上げ深層水の水温，塩分や，全炭酸，全アルカリ度，全無機窒素，リン酸，珪酸濃度を測定し，化学平衡計算を行うことによって，汲み上げられた深層水中のCO_2の挙動が推定できる．

2000〜2001年にかけてほぼ月1回の頻度で高知県海洋深層水研究所にて取水されている深層水の水質を測定し，CO_2の挙動を検討した[5]．これらの深層水取水施設から汲み上げられる深層水中の全炭酸濃度は2,244〜2,326 μmol /

kg, 全アルカリ度は2,251〜2,303 μeq / kg の範囲にあった（図8・2）. 深層水が表層水と同じ温度になった場合のfCO$_2$は1,000 μatm を超えている. 大気中のCO$_2$分圧を360 μatm とすると，深層水中のCO$_2$は大気に放出されることになる. 大気との間のCO$_2$交換量を計算すると,生物的なCO$_2$固定を考慮しない場合では,大気中に約300 μmol / kgが放出され,生物固定を考慮した場合においても約100 μmol / kgのCO$_2$が大気中に放出されることになる（図8・2）. 原田[6]は沖縄で洋上取水される深層水の場合，水深1,000 m以深の海水の放流によって大気から海洋にCO$_2$が流入する可能性があると推定している. これは汲み上げる深層水の特徴（全炭酸濃度，全アルカリ度，栄養塩濃度）によるものであり，海域特性や取水水深によってCO$_2$収支が異なることを示している.

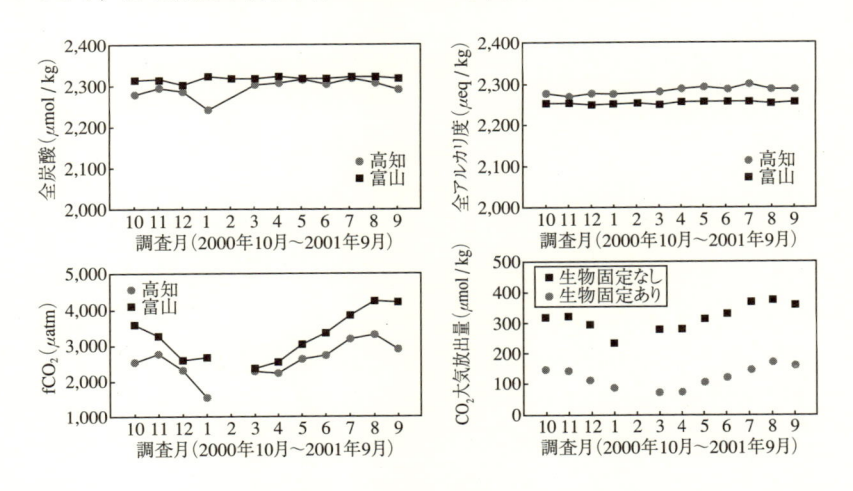

図8・2　汲み上げ海洋深層水中の全炭酸，全アルカリ度と，これらから計算されるfCO$_2$とCO$_2$の大気放出量[5]．CO$_2$放出量は高知の結果を示す．

深層水は低温安定性を有しており，この特性を利用すると火力発電所の発電効率が1〜3％向上することが試算されている[1]．この値を基に，深層水を大量に取水した後に放流した場合のCO$_2$収支を推定した（図8・1）．60万kW級LNG発電所（深層水取水量10^6 m^3 / 日,利用率100％）を想定した場合，発電所からの放出量は44,900 t CO$_2$が削減され（1.39％削減で計算し，最新の値を使用），深層水の汲み上げによる放出量（2,300 t CO$_2$ = 5,400 − 3,100）を

差し引いても,放出量は42,600 t CO_2 を削減できる可能性がある.現在,汲み上げ深層水は,その多くが淡水化や水産生物の飼育に利用されているが,地球温暖化防止の点から見て,今後深層水のもつ低温安定性を利用した省エネ技術への適用が重要である.

1・2 海洋深層水に出現する生物群集

海洋における生物の鉛直分布について見ると,光合成を行う植物プランクトンは概ね50～150 m層にクロロフィルの極大を形成する.動物の場合,その多くは1,000 m以浅に生息し,水深が深くなるに従って生物量は減少するが,底層付近では再び増加する.深層水取水管の多くは海底面に配管され,取水口は近底層（底上5 m程度）に開口しており,近底層の海水を取水しているといえる.

汲み上げ深層水中の生物群集の出現状況については幾つかの報告[7-9]があるが,深層水の取水による生物連行特性を推定できる知見はない.深層水の大量取水による生物連行については,既存の表層水取水方式と深層水取水方式で比較することにより検討した.2000～2001年にかけて1回／月の頻度で表層取水と深層取水条件での比較調査を行った例を示す（表8・1）.調査は高知県海洋深層水研究所と富山県水産試験場で取水されている深層水と表層水を用いた.生物の採集には92 μm目合のプランクトンネットを用い,1昼夜の連続採集を行った.高知と富山での調査結果から,生物連行量は深層水／表層水で24～45％,有機炭素量で0.53～50.6％となり,深層水の生物連行量が少なくなった.深層水中に出現する生物は年間で91～101種であり,深層水／表層水で48～70％であり,種数も深層水で低くなった.表層水と深層水に共通して出現する種は37～44種であった.深層水のみに出現する種では原生動物（高知）

表8・1 汲み上げ海洋深層水中に出現した生物量と種類数

	高知	富山
連行量の比較（深層／表層）	24.30 %	45.30 %
有機炭素量（深層／表層）	0.53 %	50.60 %
表層水年間連行種類数	145	188
深層水年間連行種類数	101	91
連行種類数の比較（深層／表層）	69.70 %	48.40 %
表層・深層共通出現種類数	37	44

とカイアシ類(富山)が優占した.海水を冷却水として利用する場合,深層水の取水は表層取水に比べて種数,量ともに少なく,生物連行を軽減できる取水法であるといえる.漁業対象生物について見るとシラエビやホタルイカモドキ科卵が確認されたが量的には少なかった.しかし,地域によっては水深200～300 m層が重要生物の生息域や幼生の着底場になっている可能性もあり,地域ごとの検討が必要である.

1・3 放流域の環境変化

深層水を火力発電所の冷却水に利用した後に放流した場合,放流域では周囲水と異なる水塊が形成される可能性がある.この水塊は周囲の海水に比べて水温が異なり,高栄養塩濃度であり,また低pHとなる可能性がある.放流された深層水は季節的な水塊構造と昇温条件に応じて,放流海域の周囲水と密度差が生じ,拡散特性が異なる可能性がある.

高知県室戸市高岡地区の前面海域をモデル海域として深層水を15℃昇温した後(発電所冷却水として利用した後)に10^6 m^3/日の条件で放流した場合の水温変化,栄養塩の拡散およびpHの変化域を推定した[5,10].表層海水を冷却水として利用する既存発電所と比較するため,表層海水を7℃昇温後に放流した場合の計算も併せて行った.対象海域の流れ場はDELFT3Dモデルを用いて計算した.計算領域は沖向き方向を3,800 m,岸沿い方向を8,700 mとし,計算格子を水平50 m×50 m,鉛直14層(不等間隔)とした.pH計算に必要な全炭酸濃度,全アルカリ度および栄養塩濃度は海域と深層水の実測データを用い,これを流動計算から得た希釈率から計算し,pH計算はLewis and Wallace[11]に従った.光合成による変化は考慮していない.

深層水の放流に伴う水温変化,栄養塩希釈率およびpHの海表面分布および放水口位置での岸沖断面分布を図8・3に,表層取水条件との比較を表8・2に示した.深層水を15℃昇温後に表層放流した場合,夏季は表層水とほぼ等密度の海水となるのに対し,冬季は軽密度排水となった.このため夏季に放流された深層水は表層から底層にかけて拡散するのに対し,冬季に放流された深層水は表層を中心に拡散する.環境水温に対して1℃以上の温度変化域は夏季では狭く,冬季で広くなり,夏季は冬季の約1/250となった.栄養塩は夏季,冬季ともに広範囲に拡散し,夏季と冬季の海表面での20倍希釈面積は,それぞれ

約1.1×10^6 m^2，約7.0×10^6 m^{2}となった．pHの変化を環境基準値の7.8未満からみると，夏季で1.1×10^4 m^2，冬季で1.1×10^5 m^{2}であった．深層水の利用によって温度変化域は減少し，一方で栄養塩の広域拡散とpHの変化が起こる．栄養塩の拡散は海域の富栄養化を引き起こす可能性をもち，pHの低下は貝殻の形成などの石灰化を抑制する可能性がある．

(a) 深層水の放流に伴う水温変化（左：海表面，右：放水口における岸沖断面）

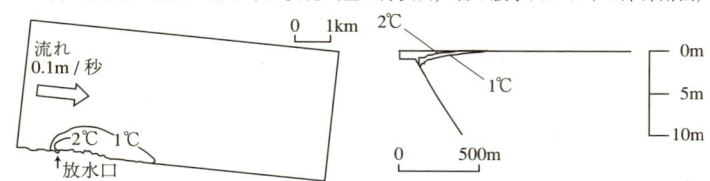

(b) 深層水の放流に伴う栄養塩希釈率（左：海表面，右：放水口における岸沖断面）

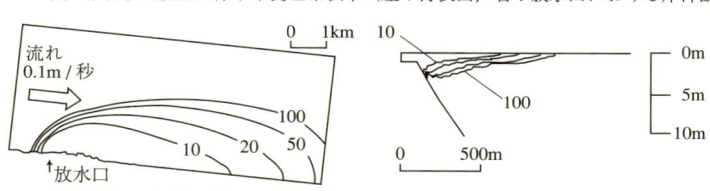

(c) 深層水の放流に伴うpH分布（右：海表面，左：放水口における岸沖断面）

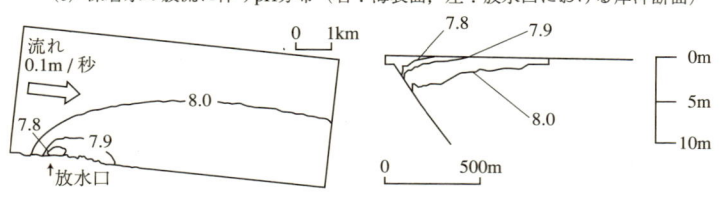

図8・3　海洋深層水の大量放流に伴う放流域の環境変化（冬季）[5]．
　　　　海洋深層水を15℃昇温して放流した結果を示す．

表8・2　海洋深層水の放流による水温，Ph，栄養塩の拡散範囲[5]（単位m^2）

計算条件		水温変化域[*1]	pH変化域[*2]	栄養塩濃度拡散域[*3]
深層水利用	夏期	6,282	11,341	1,119,095
$\Delta t = 15$℃	冬期	1,645,845	114,230	6,956,736
表層水利用	夏期	1,230,158	—	—
$\Delta t = 7$℃	冬期	1,660,687	—	—

　　[*1]：1℃以上の変化域面積（m^2）　　[*2]：pH7.8未満面積
　　　[*3]：20倍希釈域面積　 — ：計算せず

1・4 植物プランクトン群集への影響

天然湧昇や温度差発電などによる深層水と表層水の混合が植物プランクトンの増殖を促進する効果についてはすでに多くの知見があるが[12〜14]，深層水を昇温して沿岸域に放流した場合について検討された事例はない．深層水を昇温放流した場合，放流深層水と表層水の混合過程で水温と栄養塩類濃度の複合的変化が起こり，植物プランクトンの増殖速度や現存量，あるいは群集構成に変化が起こる可能性がある．この変化を室内培養実験と数値シミュレーションにより検討した．

天然の植物プランクトン群集を採取し，温度条件や栄養塩濃度などの条件を変えて培養することにより，温度や栄養塩濃度に対する植物プランクトン群集の増殖速度の制限関数を求めた（図8・4(1)）．制限関数はこの他に光強度，PO_4，SiO_2についても求めたが，深層水拡散域において栄養塩の中では溶存無機態窒素（DIN）が増殖制限因子となるため，温度とDINの制限関数から深

(1) 天然植物プランクトン群集増殖速度の制限関数

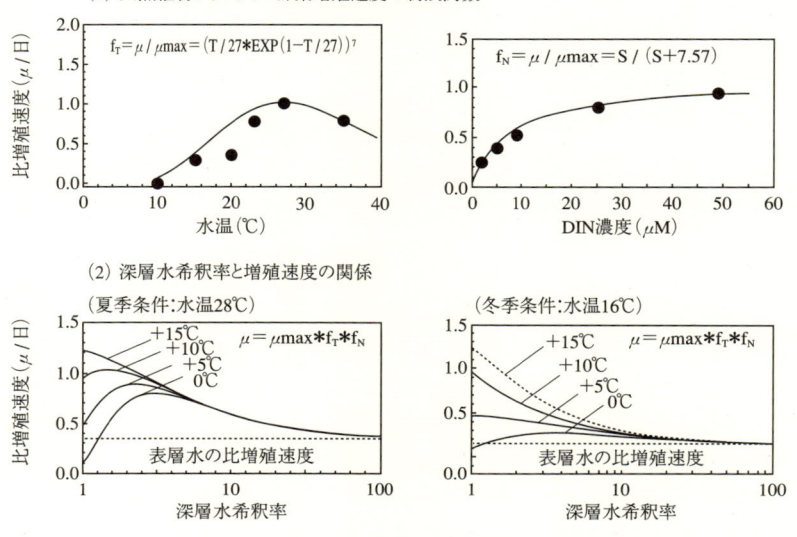

$f_T = \mu / \mu\max = (T/27 * EXP(1-T/27))^7$

$f_N = \mu / \mu\max = S/(S+7.57)$

(2) 深層水希釈率と増殖速度の関係

（夏季条件：水温28℃） $\mu = \mu\max * f_T * f_N$

（冬季条件：水温16℃） $\mu = \mu\max * f_T * f_N$

図8・4 海洋深層水の昇温放流が天然植物プランクトンの増殖速度に及ぼす影響[4]
μ：比増殖速度，$\mu\max$，最大比増殖速度，T：水温，S：DIN濃度

層水の拡散に伴う増殖速度の変化を推定した（図8・4(2)）．深層水を昇温せずに放流した場合，表層水による希釈率が小さい放水前面では深層水のもつ低温性のために未放流条件に比べて増殖速度が低くなった．5℃以上に昇温して放流した場合は，常に無放流時に比べて高い増殖速度が得られた．

深層水拡散域における植物プランクトン群集の変化を室内実験によって推定した例を示す．一見（香川大）は赤潮形成，あるいはそれに近い香川県沿岸の表層水に，濾過深層水（0.2 μm孔径メンブレンフィルター）を添加した場合の，鞭毛藻類と珪藻類の群集変化を検討した[4]．鞭毛藻中心の群集構成であった試水は深層水の添加率を高めることによって，珪藻中心の群集構成に変化した（図8・5）．深層水に含まれる高濃度の珪酸やその他の栄養塩類により，増殖速度の速い珪藻類が先に増殖し，鞭毛藻類の単一種的増殖を抑制したものと考えられる．

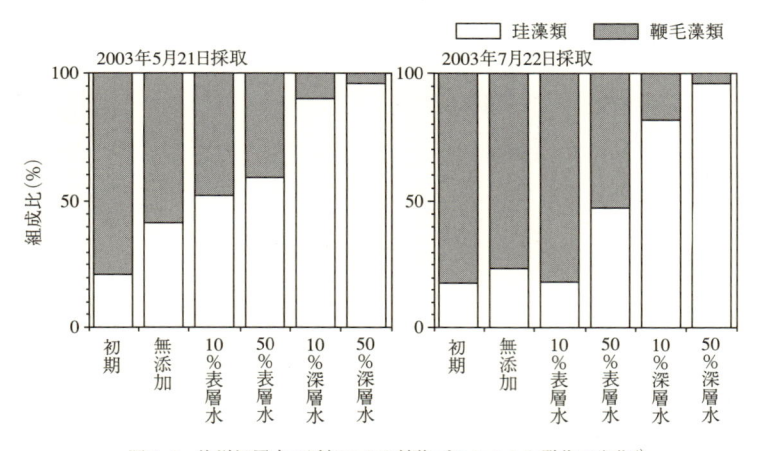

図8・5　海洋深層水の添加による植物プランクトン群集の変化[4]

日量10^6 m^{3}の深層水を15℃昇温して放流した場合の植物プランクトン量の増殖可能な範囲や，生産された植物プランクトン群集が死滅などによって堆積し，底質に及ぼす変化の大きさについて生態系モデルを用いて試算した[4]．地形や初期の海洋特性条件，栄養塩濃度などは高知県室戸市高岡地区での調査結果が用いられた．計算領域は沖向き方向4 km，岸沿い方向60 kmとし，計算格子を水平1 km×4 km，鉛直最大4層とした．場の流況は1・3での計算結果

を導入した．植物プランクトン量は場の流速によって変化し，流速が小さいほど放水口近傍で最大増殖場を形成する．影響の大きい5 cm/秒の結果から，深層水放流域における1次生産の変化と底泥変化の特性を例示した（図8・6）．植物プランクトンの最大増殖域が，放流口下流側18 kmの沖合2 km以浅に形成され，30 km付近までに約5％の増殖域（深層水の放流がない場合に対して）が認められた（図8・6(2)）．深層水放流による底泥の堆積物を1年間の計算結果から推定した．また放水口下流側36～40 km付近に最大の堆積が形成され，堆積物量は深層水の放流がない場合に比べて約0.4％程度の増加であった（図8・6(3)）．以上の結果は深層水放流域において珪藻を中心とした植物プランクトンの増殖が起こり，堆積物量の増加が起こるものの，10^6 m^3/日程度の放流であれば，海域での一次生産の増大や堆積物の増加による影響は小さいと考えられた．

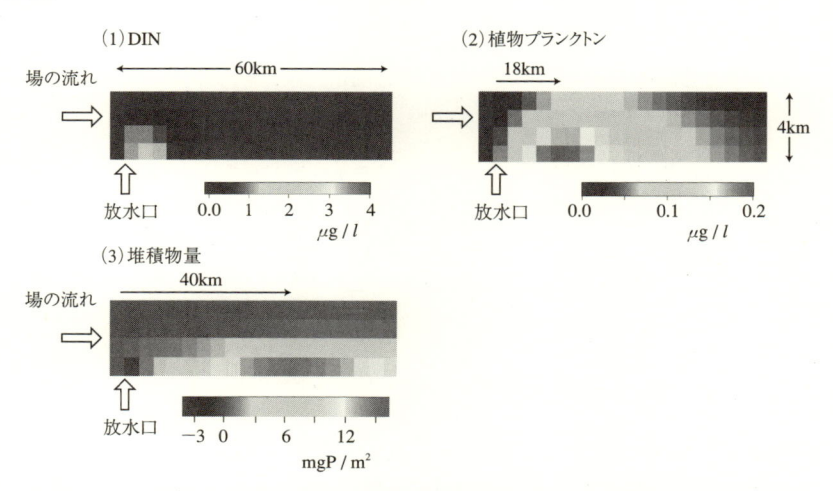

図8・6　海洋深層水を15℃昇温して放流した場合の海域でのDIN，植物プランクトン分布と堆積物の分布[4]．
　　　　DINと植物プランクトン分布は夏季条件での計算結果．堆積物量は年間の合計値．

1・5　海藻群落への影響

深層水をすでに10年以上にわたって放流している高知県海洋深層水研究所前面海域（放流量500～1,000 m^3/日）では深層水放流域近傍においてホンダワラ類やカジメの分布が見られている．高知県沿岸では1994～1997年にかけ

て長雨，高水温，あるいは台風直撃により沿岸域の磯焼け現象が急速に進行したとしており，放水口近傍の海藻の分布は深層水放流による効果と考えられている[15]．

深層水を昇温後（最高15℃昇温）に放流した場合の，水温と栄養塩濃度に対する大型藻類の成長への影響を検討することを目的に，代表的海藻について温度や深層水希釈率に対する成長率の制限関数を求め，これらの関数を基に深層水の昇温放流が海藻成長に及ぼす影響を推定した．高知県室戸海域に分布するカジメと富山湾に分布するツルアラメでの検討結果を図8・7に示した[4]．高知の場合，深層水の放流によって無昇温条件（0℃）から表層水に比べ高い成長率を示した．富山の場合，無昇温条件では表層水の成長率を下回り，5℃以上の昇温では表層水の値を上回る高い成長率となった．これは富山の場合，汲み上げられる深層水温が低いことによるものであり，マクサにおいても類似した結果が得られている[16]．

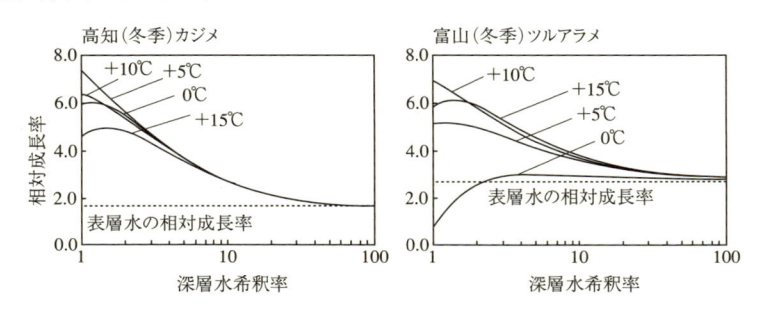

図8・7　海洋深層水の昇温放流が海藻類の成長に及ぼす影響[4]

深層水の放流域における海藻類の成長変化を推定するため，高知県室戸市高岡海域をモデル海域として，放水口前面海域に3,000 m×1,000 mの領域を設定し，50 m×50 mのメッシュごとに区分し，室内実験より得た成長パラメータを用いてカジメ，マクサ，トゲモクの放流域での成長ポテンシャルが求められた[17]（図8・8）．海域の流速は10 cm/秒とし，場の流況は1・3で計算した結果を導入した．いずれの海藻も放水口前面では約1.8倍の増加率（深層水放流時の成長量／未放流時の成長量）となっており，高い成長量が推定された．放水口下流側では増加率が徐々に減少するものの，2 km下流の地点においても

放流影響は見られ，カジメで1.05倍，マクサで1.23倍，トゲモクで1.07倍の増加率であった．深層水を昇温放流した場合，放水口近傍において高い成長率が期待でき，昇温しない場合は地域によっては成長率が低下する可能性が予測された．

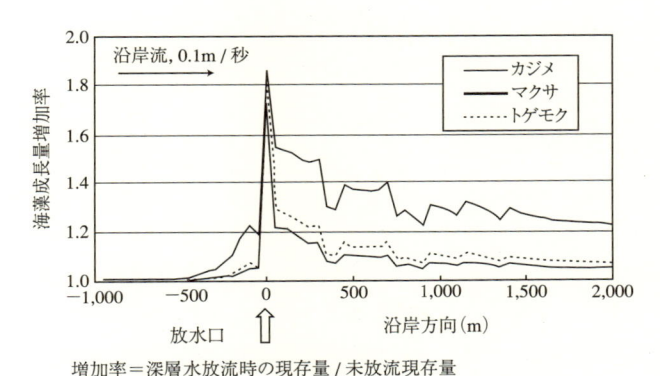

図8・8　海洋深層水放流に伴う沿岸方向の海藻類の成長促進範囲[17]

§2. 海域肥沃化の可能性

深層水をそのまま放流した場合，地域によっては放水口近傍での低温化による植物プランクトンの増殖速度や海藻類の成長率の低下が起こる可能性がある．この点から見ると，深層水を大量放流する場合は昇温して放流することに利点がある．昇温放流した場合，植物プランクトン群集の増殖は遠方で起こり，その効果は小さく，海藻類では放水口近傍で成長が促進される効果が期待できるため，深層水を藻場の回復や安定維持に用いるほうが効果的と考えられる．特に，黒潮の接岸によって藻場の衰退が起こる太平洋側においては，栄養塩の豊富な深層水の放流効果が期待できる．

深層水の昇温は15℃程度であれば，環境水温の範囲を超えることがないため，藻場育成に利用できる可能性がある．一方で地域によっては重密度海水，あるいは軽密度海水となり，藻場に適用するには深層水の滞留法や高希釈法を検討する必要がある．効率的に深層水を藻場育成に利用する方法として，放水口前面に深層水の滞留場をつくり，安定した藻場を形成することによって，周

辺藻場が衰退しても種場から胞子が供給でき，藻場の持続的な維持が期待できる．近傍に漁港がある場合は漁港内に藻場をつくるとともにアワビなどの養殖を行うことにより管理型藻場を創出することも1つの方法である[4]．しかし，深層水には高濃度の珪酸が存在し，室内実験などの静穏条件での実験では海藻に付着珪藻が着生することも知られており，藻場生態系におけるその適否や海藻の産業的価値も考慮した実証的検討が今後の課題である．

§3. 今後の課題

深層水を発電所冷却水として利用した場合の海域環境への影響概観を図8・9に示した．既存発電所と共通に起る現象のうち生物連行と温排水拡散（温度変化）は深層水を用いることによって，影響を低減できる可能性がある．特に深層水を利用することによって環境水温を超えない範囲での昇温放流が可能となることが深層水利用の特徴と考えられた．深層水に特有に起る現象のうちCO_2放出については，深層水をそのまま放流した場合は大気中にCO_2を放出する可能性があるが，深層水の低温安定性の利用によって発電所からのCO_2排出量を削減できる．放流域においては深層水に含まれる高濃度の栄養塩によって有機堆積物の増加や，珪藻を中心とした植物プランクトン群集の増殖が放水口下流のかなり遠方において起こることが推察されたが，その影響は10^6 m^3／日程度

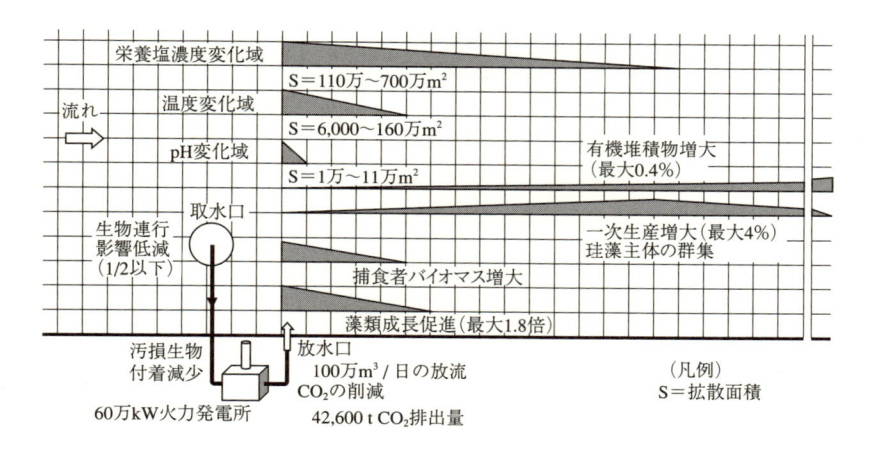

図8・9　海洋深層水を発電所冷却水に利用した場合の環境影響概観

であれば僅かと考えられた．放流域の海藻類への影響について見ると，深層水の昇温放流（環境水温を超えない昇温）によって海藻類の成長が促進され，藻場の保全，回復に利用できる可能性が示唆された．一方で放流域においてはpHの低下が起こる可能性があることも明らかになり，この影響の検討が今後の課題である．深層水を大量に取水し放流する場合，これらの予測される変化を考慮し，地域特性を含めた影響推定や海域肥沃化の可能性を検討する必要がある．

文献

1) M. Kadoyu, Y. Eguchi, and F. Takeda: A parametric study of power plant performance using deep-sea water for steam condensation. Recent advances in marine science and technology (ed. by N.K. Saxena), Pacon international, 2002, pp. 547-556.

2) M. Hayashi, T. Ikeda, K. Otsuka, and M. Mac Takahashi: Assessment on environmental effects on deep ocean water discharged into coastal sea, ibid, 2002, pp.535-545.

3) K. Otsuka, T. Ikeda, and M. Hayashi: Environmental Impact Assessment for Large-Scale DOW Utilization, *Proc. of 15th Int. Offshore and Polar Eng. Conf.*, 1, 575-581（2005）．

4) （社）日本海洋開発産業協会・清水建設（株）・（株）関西総合環境センター：第1章 環境影響評価技術等研究：397pp，モデル実証研究および基盤研究成果報告書，エネルギー使用合理化海洋資源活用システム開発，（独）新エネルギー・産業技術総合開発機構 共同研究（2004）．

5) 岸 靖之・林 正敏・池田知司・田中昌宏・角湯正剛・原田 晃・田中博通・高橋正征：海洋深層水の放流に伴う沿岸環境特性の検討，海岸工学論文集，51，1281-1285（2004）．

6) 原田 晃：海洋深層水利用で考えられる二酸化炭素の問題，月刊海洋／号外，22，229-233（2000）．

7) 高知県海洋深層水研究所：海洋深層水取水装置内から回収された生物，高知県海洋深層水研究所研報，3，47-59（1998）．

8) 大津 順：深層水の性状及び排水周辺地域モニタリング調査，平成7年度富山県水試年報，79-80（1996）．

9) 大津 順：深層水の性状及び排水周辺地域モニタリング調査，平成8年度富山県水試年報，102-103（1998）．

10) 田中昌宏・岸 靖之・池田知司・高月邦夫・乾 悦郎：海洋深層水の発電所冷却水利用後の沿岸放流拡散特性に関する検討．海岸工学論文集，51，1276-1280（2004）．

11) E.Lewis, and D. W. R. Wallace: Program Developed for CO2 System Calculations, ORNL/CDIAC-105, Carbon Dioxide Information Analysis Center (1998).

12) J. Ishizaka, M. Mac Takahashi, and S. Ichimura : Evaluation of coastal upwelling effects on phytoplankton growth by simulated culture experiments, *Marine Biology*, 76, 271-278 (1983).

13) S. Taguchi, D.Jones, J.A.Hirata, and A. Laws: Potential effect of Ocean Thermal Conversion (OTEC) mixed water on natural phytoplankton assemblages in

Hawaiian waters, *Bull. Plankton Soc. Japan*, **34**, 125-142 (1987).

14) K. Furuya, H Tsuzuki K. Iseki, and A. Kawamura: Growth response of natural phytoplankton assemblages in artificial induced upwelling in Toyama Bay, Japan, *ibid*, **40**, 109-125 (1993).

15) 渡辺　貢・谷口道子・池田知司・小松雅之・髙月邦夫・金巻精一：海洋深層水による沿岸海域の肥沃化, 月刊海洋／号外, **22**, 160-169 (2000).

16) 松村　航・渡辺　健・南條暢聡・浦邊清治・林　正敏・池田知司・藤田大介：海洋深層水を用いたマクサの培養と富山湾深層水放流流域での成長予測, 海洋深層水研究, **6** (1), 1-8 (2005).

17) K.Otsuka, K Takakura, T.Moriyama, and Y.Abe: Modeling the Seaweed Bed Ecosystem in a Deep Ocean Water Discharged Area, *Proc. of 15th Int. Offshore and Polar Eng. Conf.*, **1**, 697-704 (2005).

V. 食品への利用

9. 食品への利用状況

伊 藤 慶 明*

　1995年に民間へ海洋深層水（以下，深層水）が分水されるようになり，1996年には初めて深層水製品が出た．脱塩処理された深層水が飲料水として市販され，また，深層水を入れて仕込まれた酒類がでた．これをきっかけに各種の食品加工に使用されるようになり，1998年ごろには深層水食品のブームを起こし，魔法の水と呼ばれたりした．しかし，人気が先行し，深層水の食品の品質に対する作用機構や人の体に対する生理作用についての研究が遅れている．本稿では深層水の食品への利用状況およびその効果についての研究を紹介する．

§1. 海洋深層水を利用している食品

　深層水は清浄で，ミネラルの種類が豊富だということで，いろいろな食品に利用され，その数は非常に多くなっている．室戸海洋深層水を利用している企業が100社あまり，製品も100品目を超えている（2004年）．表9・1には伊藤・鈴木[1]のまとめた調査結果を示した．元々食塩を使用する加工品および使用しない食品のいずれにも使用されている．高知県以外でも深層水を取水できることから，深層水を使用するメーカーや使用した製品の種類が全国的にも広がりつつある．

　深層水を利用している食品は次のように分けられる．
　　発酵食品　　日本酒，ビール，ワイン，焼酎，味噌，醤油，ポン酢醤油，
　　　　　　　　食酢，パン，納豆
　　非発酵食品　豆腐，うどん，水産ねり製品，水産塩乾品，こんにゃく，
　　　　　　　　水羊羹，饅頭，芋菓子，漬け物，いか沖漬け，麺つゆ，
　　清涼飲料水
　　塩・にがり

---

* 高知大学農学部

表9・1　海洋深層水利用食品など一覧表[1]

平成11年6月10日現在

商品名	会社名など	備考（深層水の濃度）
清涼飲料水		
ヤマモモジュースなど	（有）浅川自然食品工業	約3.2％
M-320	室戸海洋深層水（株）	
マリンパワー	室戸海洋深層水（株）	
あけてポンキラ！	吉良川町農業協同組合	
ボトルウォーター		
マリンゴールド	（有）浅川自然食品工業	100％（脱塩水）
海の深層水　天海の水	赤穂化成（株）	
日本酒		
土佐深海	（有）仙頭酒造場	約0.1％
地球の贈り物	菊水酒造合資会社	
空と海	高木酒造（株）	
醤油・酢・ソースなど		
海王醤	（株）大高醸造	
鯨醤（くじらちゃん）	（有）畠中醤油醸造場	約57.4％
ポン酢醤油	（有）福辰	
深層水仕込ポン酢醤油	ケンショー（株）	
オリジナル中濃ソース	ケンショー（株）	
自然塩		
深海の華	室戸海洋深層水（株）	
塩干物		
深層水仕込干物	出間海産物店	
黄金干	ナカイチ海産	
カマスの干物など	（有）前田水産	
豆腐類		
高知県室戸深層水豆腐など	（株）タナカショク	約6.3～8.8％
漬け物		
キムチなど	（有）浜金商店	
トコロテン		
室戸海洋深層水で作ったところてん	福原製麺所	
アイスクリーム		
あずきバー	松崎冷菓工業（有）	
菓子・羊羹など		
ちいようかん	松崎冷菓工業（有）	
水ようかん	（株）浜幸	
いもけんぴ	横山食品（株）	
豆腐屋さんのクッキー	（株）タナカショク	

パン 　室戸海洋深層水つぶあん 　穂の香 　天然酵母パン	（有）フジヤ （有）ロマンド 社会福祉法人さんかく広場	
蒲鉾などねり製品 　板付き蒲鉾 　揚げ蒲鉾	（株）けんかま （株）けんかま	約21.9％ 約26.5％
コンニャク 　深層水の板コンニャクなど	（有）森澤食品	
味噌 　漁り火味噌	吉良川町農業協同組合	約6.4％
野菜加工品 　土佐煮など	高知パック（株）	
入浴剤 　シーバスタイムAP	松田医薬品（株）高知（営）	
化粧品 　ディプシーウォーター	（株）シュウウエムラ化粧品	

§2. 海洋深層水の利用形態

深層水を食品に利用している形態は，整理すると次の5つになる．
① 深層水をそのまま利用する．
② 深層水を脱塩処理して使用する
③ 脱塩処理した際に得られる濃縮海水を利用する
④ 深層水を塩にして用いる
⑤ 製塩後のにがりを用いる．

　これらの中で，深層水はそのまま，或いは逆浸透膜法によって脱塩した脱塩深層水として利用されるのがほとんどである．最近は，脱塩の際同時に得られる濃縮深層水の利用や，更には，逆浸透に用いるナノ膜の工夫により2価のイオンの多いミネラル調製深層水も出てきており，その用途について検討されている．

2・1　脱塩深層水・濃縮深層水

　最初に市販された深層水ドリンクは硬度約30の脱塩深層水である．水道水の硬度はおおよそ20であるので，脱塩深層水は水道水と同程度のものである．そのミネラル組成の一例として市販されている深層水マリンゴールド（脱塩し

表9・2 脱塩海洋深層水飲料（マリンゴールド）のミネラル組成（2 l 中）

Na イオン	68.0 mg
K イオン	2.8 mg
Ca イオン	2.0 mg
Mg イオン	6.4 mg
Fe	0.03 mg 未満
P	0.01 mg 未満
Cu	0.01 mg 未満
I	0.01 mg 未満
Zn	0.005 mg 未満
Mn	0.005 mg 未満

ただけのもの）の組成を表9・2に示した．NaイオンやClイオンで見ると元の深層水の約1/300〜1/500分程度に脱塩されていることになる．

現在，いろいろな硬度のものが市販されている．脱塩した深層水に深層水原水をある割合で混ぜて，硬度を上げているのもある．また，清浄な河川水や地下水に深層水を混ぜてミネラルウォーターとして市販されているものもあるようだ．

濃縮深層水は塩分が原水の約2倍弱に濃縮されている．当初はこれを海に戻し，分水していなかったが，豆腐などに有効利用を考えるようになってきた．

2・2 海洋深層水塩

深層水を天日にあてながら流下ネットを循環させて約5倍に濃縮したのち，釜で煮詰めてにがりと沈殿した塩とに分ける方法と，濃縮したものを釜で煮ないで静置し，天日と風を利用してゆっくり濃縮して沈殿させ，にがりを除いて沈殿した塩をとる方法とがある．そのミネラル組成は表9・3のようである．濃縮過程でのCaの沈殿およびMgを多く含むにがりの除去のため，深層水そのものに比べてCa，Mgの割合が少なくなっている．

表9・3 海洋深層水から作られた市販塩のミネラル組成（％）

	竜宮のしほ	深海の華
Na	32.65	34.56
K	0.19	0.19
Ng	0.57	0.58
Ca	0.55	0.36
Cl イオン	51.50	54.25
SO_4 イオン	2.23	2.09

筆者らの研究室では深層水としての性質を知るため，減圧乾燥により深層水全体を乾燥させて用いている．この塩は水に再溶解しても完全に溶解し，不溶物は見られないのが特徴である．深層水自身はpH8.2付近であるが，この再溶解した海水のpHは10付近であった．これは溶存していた二酸化炭素が除かれたためと思われる．

深層水塩や市販の天然塩には塩化マグネシウムおよび塩化カルシウムが含まれており、これらは潮解性をもっているので吸湿しやすい。しかし、焼き塩にすると吸湿性が弱くなる。$MgCl_2$ が焼かれると MgO になって、水に非常に溶けにくくなり、潮解性がなくなるためと考えられる。

§3. 発酵食品への利用

発酵食品の中で、清酒、ビール、味噌・醤油については12.で詳細に述べる。ここでは、パンについて取り上げる。

パンの場合[2]、食塩が約1.2～1.6％使われているが、その代わりに深層水を使用すると、パン生地を混ねつするときの伸びがよくなるといわれており、また酵母の発酵が促進され、炭酸ガスの発生が多くなり、焼いたときにパンの体積増加の効果が認められている（図9·1）。酵母の発育に対する深層水の使用濃度の影響を調べると、30％で最もよく生育することが認められている（図9·2）。

これらの効果の要因として深層水中のどの成分に効果があるのか。酵母の培地からリン酸イオンあるいはMgイオンを除いたものを使用すると、酵母が増

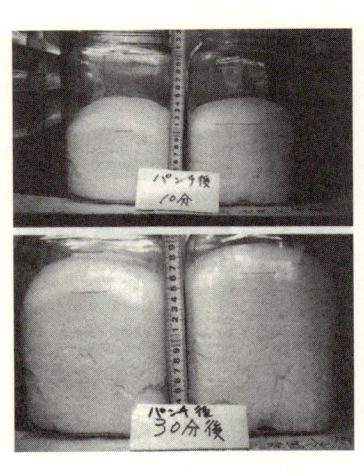

図9·1 海洋深層水（右）と通常塩水（左）で仕込んだ食パンの比較[2]

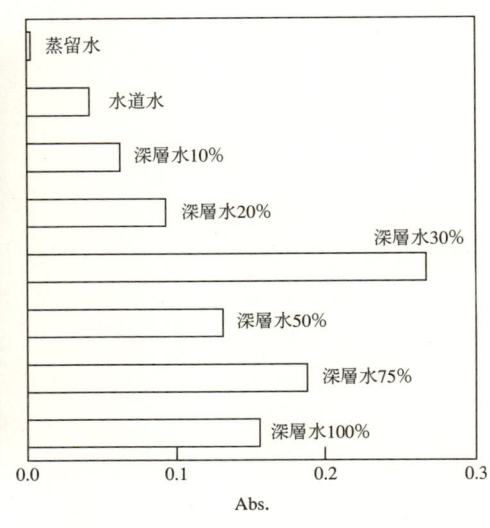

図9·2 酵母育成に及ぼす海洋深層水の影響

殖しないことから,酵母に対しては深層水中のリン酸イオンや,Mgイオンに効果があるとされている.麹に対しては深層水中のCaに効果あるといわれている[3].最近の研究(12.参照)では深層水によって酵母のアミノ酸代謝や脂肪酸代謝に関連する遺伝子群の転写が促進されることが認められており,主にNaイオンが貢献しているがそれだけではないと報告している.納豆菌や乳酸菌の増殖を深層水が促進することも報告されている.

以上,発酵食品への深層水の効果を表9・4にまとめた.

表9・4　発酵食品への利用効果

	効　果	理　由
全般	酵母,麹の増殖が活性化,発酵が速やかに進む.	アミノ酸代謝や脂肪酸代謝に関連する遺伝子群の転写促進,Naイオンが貢献
酒	アルコール取得量の増加 香り成分の増加(カプロン酸エチル,酢酸イソアミルの増加) 雑味の減少	・Caイオンが効果あり(麹に対して) ・リン酸イオン,Mgイオンが関与 　(酵母に対して)
醤油	アミノ酸の増加 香り成分の増加 乳酸の増加	・麹のプロテアーゼによる大豆タンパク質の分解促進 ・アルコール発酵を促進(酵母に対して), ・乳酸発酵を促進(乳酸菌に対して)
パン	パン生地ののびがよくなる 焼いたときの体積が大きくなる	・イオンがタンパク質に影響? ・酵母の発酵促進?
漬け物	味がまろやかになる	・Ca,Mgイオンの影響?

§4.　非発酵食品への利用

非発酵食品へは,うどん,水産ねり製品,塩干品,豆腐,漬け物などへの利用がある.うどんについては10.で述べる.

4・1　水産ねり製品

通常,ねり製品は,肉に2〜2.5％の食塩を加えて擂潰して得られる肉糊を,40〜50℃で予備加熱して坐らせた後,80〜90℃で加熱して作られる.坐らせてから本加熱するのは弾力がより強くなるからである.現在,かまぼこの主原料としてスケトウダラの冷凍すり身が全国的に用いられるので,等級の低い坐りにくい冷凍すり身(すり身Ⅰ)と等級の高い良質の冷凍すり身(すり身Ⅱ)に

ついて，深層水塩（当方の研究室で調製した減圧乾燥塩）の影響について検討した．

まず，予備加熱をせず，坐らせないで直接本加熱して製造した場合，どちらのすり身もゲル強度に対する深層水塩の効果は認められなかった（図9・3）[3, 4]．

坐りの影響を見ると，元々坐りの強い良質の冷凍すり身（すり身Ⅱ）には深層水塩で坐りが促進されるが，逆にすり身の等級の低い坐りにくい冷凍すり身（すり身Ⅰ）に対しては深層水塩の効果が弱いことがわかった（図9・3）[3, 4]．

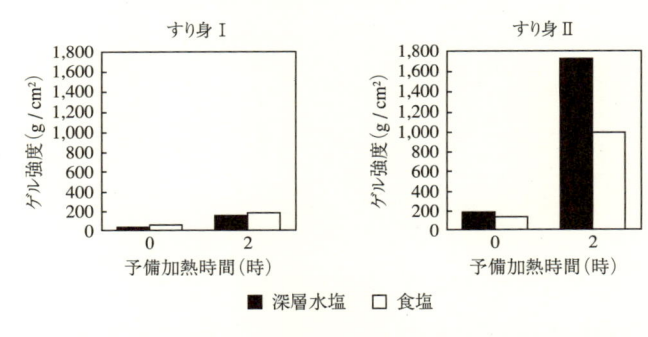

図9・3 スケトウダラ冷凍すり身の加熱ゲル形成に及ぼす30℃での予備加熱の影響

また，坐りに対する深層水塩の効果は魚種によって異なっている．坐り効果の現れる魚種（マエソ，ヒメコダイ，アジ）もあり，現れないもの（シイラ）もあり，現在，この違いを高知県工業技術センターとの共同で研究している[3, 5, 6]．ねり製品原料に近海の生魚を使う場合，魚種による深層水塩の効果の違いを把握しておくことは重要であると考えている．

深層水塩によって坐りが促進されたゲルでは，ミオシン重鎖の多量化の起こっていることが，SDS-ポリアクリルアミドゲル電気泳動によって認められている[4]．これは，魚肉中のトランスグルタミナーゼによるものと考えられ，この酵素はCaイオンによって活性化されるので，深層水塩中のCaがこの酵素を活性化したものと推測している．

魚肉すり身には戻りというゲルの劣化現象が40～60℃で起こる場合があるが，深層水塩は戻りには影響しなかった[4]．

筆者らの研究室では深層水塩の焼き塩（550℃，1時間）による弾力増強効

果を認めている[4, 5, 7]．この塩ですり身を擂潰した後，予備加熱をせずに（坐らせないで）直接加熱しても，ねり製品の弾力を強くする効果が認められた（図9・4）．弾力の強くなったゲルのSDS-ポリアクリルアミドゲル電気泳動を見ると，SS結合による筋肉タンパク質（特にミオシン）の高分子化が認められた．焼き塩はタンパク質のSH基を酸化して分子間SS結合を形成することにより，タンパク質を高分子化させる性質があるものと推察している．表層水塩

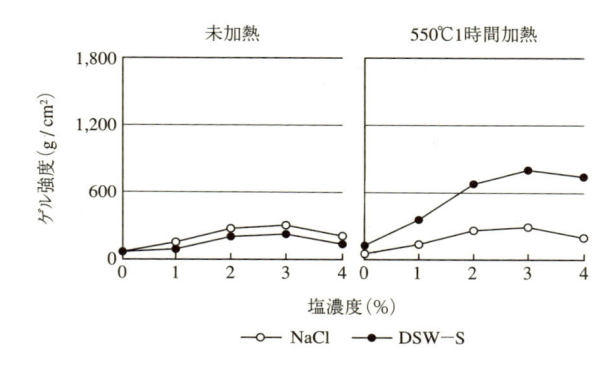

図9・4　550℃で加熱した海洋深層水塩が直接加熱ゲルの強度に及ぼす影響

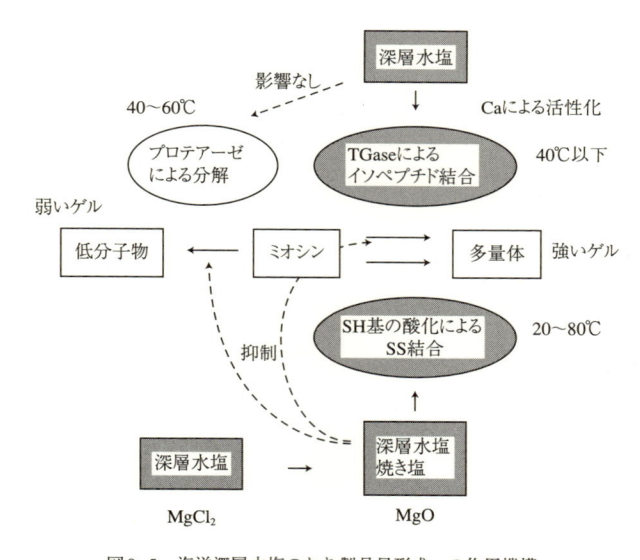

図9・5　海洋深層水塩のねり製品足形成への作用機構

を焼いても同様の効果が認められた．しかし，市販の天然塩を焼いても顕著な効果は認められなかった．市販の塩は$CaCl_2$，$MgCl_2$が少ないため，焼いても酸化力ができないものと考えられる．

このような深層水塩およびその焼き塩の効果を図9・5に模式的に示した．

深層水塩そのものの味は食塩に比べて苦いような塩辛さであるが，かまぼこ添加した場合，塩辛さが穏やかで，まろやかになる．

4・2 水産塩干品

水産塩干品の製造で魚を塩漬けにする食塩水は10〜25％程度のものであるが，これを一部深層水に置き換えて使用すると，干物がしっとりとし，塩味がまろやかになると経験的に言われている．

4・3 豆 腐

豆腐は，水に浸漬して膨潤させた大豆を水とともに磨砕したものを加熱し，濾過して豆乳を作り，これに凝固剤あるいはにがりを添加し，凝固させて作られる．凝固剤に深層水を使用すると，豆腐のきめが細かくなり，保水力がよくなるといわれている．豆腐を置いている間に水が遊離してこないとのことである．図9・6の電子顕微鏡写真に見られるように，深層水を使用した方が豆腐タ

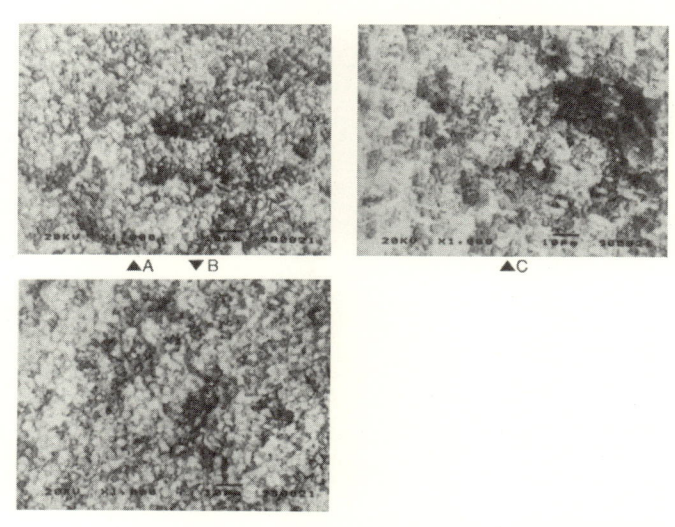

図9・6 絹こし豆腐の製造に海洋深層水を使用した場合（A，B）と通常の方法で製造した場合（C）の断面の電子顕微鏡写真[2, 8]

4・4 その他

水ようかんは寒天を溶解して餡と砂糖と塩を入れてねり，冷やして固めたものであるが，水ようかん（寒天ゼリー）に深層水が入っていると硬くなることがわかっている（図9・7）．また，深層水を入れると甘さは抑えられるようである（図9・8）[6]．

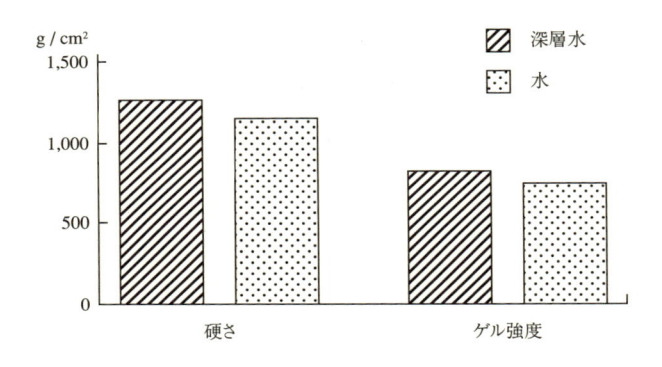

図9・7　海洋深層水および水を用いた水羊羹の硬さおよびゲル強度の比較

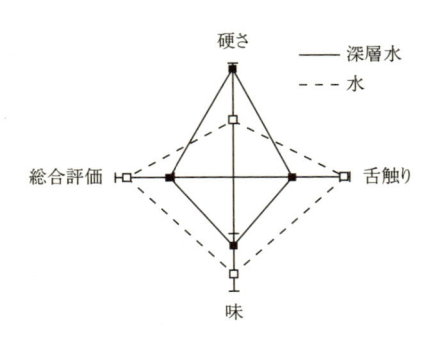

図9・8　海洋深層水および水を用いた水羊羹の官能試験

こんにゃくはこんにゃく芋の粉を石灰水（CaOを水に溶かしたもの）で練って加熱して固めたものであるが，石灰水に深層水を加えることによって味と食感が改良されているそうである．

野菜の漬物製造に深層水を使用すると味がまろやかになるといわれている[9]．

以上，非発酵食品への利用効果を表9・5にまとめた．

表9·5 非発酵食品への利用効果

	効　果	理　由
水産ねり製品	坐りを促進し，足を強くする．	Caイオンが肉中のトランスグルタミナーゼを活性化して，分子間架橋の形成を促進
	焼き塩を添加すると足が強くなる．	タンパク質分子間SS結合の形成が促進
塩干物	しっとりとする．	Ca, Mg イオンの保水力？
豆　腐	網目構造がきめ細かくなる	タンパク質に対するイオンの効果？
寒　天	ゲルを強くする	リン酸塩の効果

§5．海洋深層水塩の水分活性曲線

深層水塩（研究室で調製した減圧乾燥による塩）の水分活性曲線を調べると，飽和濃度以下では食塩よりも水分活性が高く，飽和濃度以上では逆に低かった．この傾向は$CaCl_2$，$MgCl_2$の水分活性曲線に見られ，深層水塩中の$CaCl_2$，$MgCl_2$によることが分かった．深層水塩を用いると，飽和濃度以下では保存性が食塩より劣ることが示唆された（図9·9）．

表層水塩の水分活性曲線も深層水塩と同様であった．

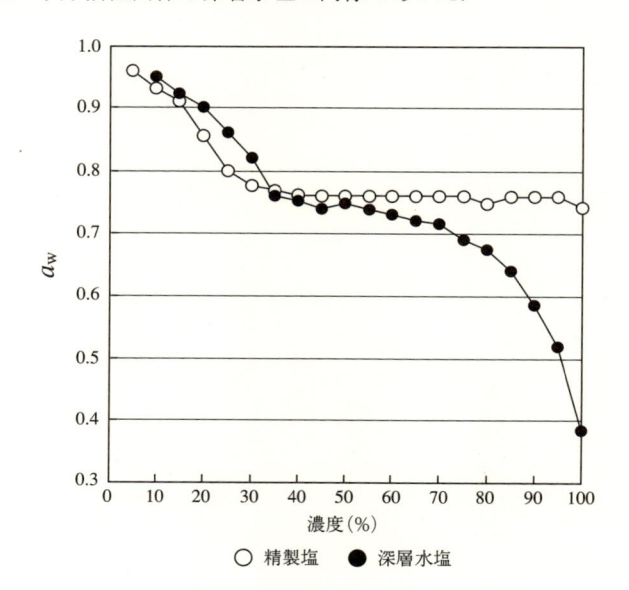

図9·9　精製塩と海洋深層水塩の水分活性曲線

§6. 味・色・香りへの影響

6・1 味

深層水と表層水を比べると，表層水が塩辛くて，深層水が相対的に甘く感じられる．食塩水は表層水よりもっと塩辛い感じである．

また，固形物の塩化ナトリウムと深層水塩（深層水を減圧乾固したもの）を比べると，塩化ナトリウムは塩辛さを鋭く感じるが，深層水塩は塩辛いような苦いような味がする．この深層水塩をかまぼこに使うと塩化ナトリウムを使ったような塩辛さがなく，苦みも感じない．したがって，深層水塩を使うと弾力を変えないで塩味を抑えることができることになる．

また，塩は砂糖の甘さを増すことが知られている．饅頭やあんパンの餡あるいは羊羹には砂糖35％程に食塩が0.1〜0.3％使用されている．しかし，水羊羹の場合，食塩の代わりに一部深層水を使うと，逆に甘さが抑えられるようである（図9・8）[6]．

調理では，食酢に塩を入れると酸味がまろやかになることは知られていることであるが，深層水を使用した場合の効果については，まだ耳にしていない．

6・2 色・香り

深層水を使った場合の食品の色や香りへの影響について基礎的な検討が進みつつある[3, 5, 6]．食酢に深層水を入れて，酢酸の揮発性を調べると，脱塩水や表層水よりも揮発性が抑制されている（図9・10）．

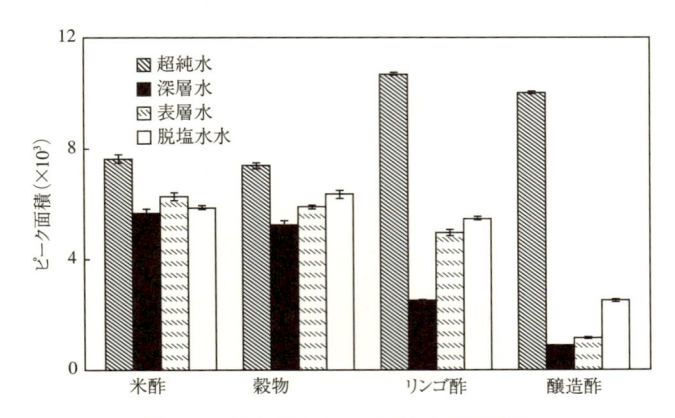

図9・10 食酢の香り立ちに及ぼす水媒体の影響
抽出温度 30℃，抽出時間 40分

食品の加熱中に糖とアミノ酸との間で反応が起こり，褐変現象が見られるとともに加熱香気がでるが，ラクトース-グリシン系では深層水や表層水は脱イオン水や食塩水よりも褐変促進効果があるようだ．これについては11．で述べる．

§7．生理作用および安全性

生理作用については，マウスを使った実験で深層水を3ヶ月間自由に与えた

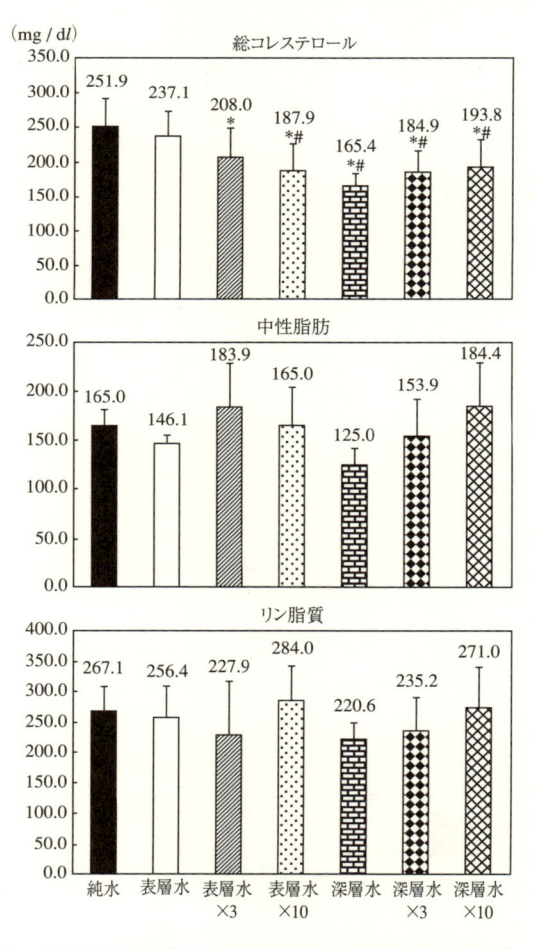

図9・11 マウスの血漿脂質に及ぼす表層水および深層水摂取の影響[1]
＊ 純水との比較（$p < 0.05$），# 表層水との比較（$p < 0.05$）

結果，血中のコレステロールを低下させる作用のあることが認められている．また，肝臓の中性脂肪やリン脂質にも低下の傾向が見られている（図9・11）．

安全性については，深層水を飲み水として，マウスへの20ヶ月の長期投与しても純水を与えたものと寿命に差はなく，急性・慢性毒性は認められていない．また，高知県の衛生研究所の結果によると，病原性細菌およびウィルスは検出されず，環境汚染物質などは定量限界以下であると報告されている[3, 5, 6]．

最近，種々の微量元素の生理的な役割が注目されつつある．海水中には80種類以上の元素が含まれている．人間の生命維持にもいろいろな元素が必要であり，また生命が海で作られたということから，海の水を摂取することはよいことという考えがある．しかし，海水組成のまま作った塩からナトリウム以外に，人が1日に必要とされている量のミネラルを摂取することは期待できないとされている[10]．塩のミネラルと健康および市販塩の品質については総説[11-13]があるので参照していただきたい．

以上深層水の食品の性質への効果を表9・6にまとめた．

表9・6　食品の性質に及ぼす海洋深層水の効果

食品の性質	特　徴
色	・酸化型アスコルビン酸からの褐変は起こらない． ・褐変を進める．（ラクトース-グリシン系）
味	・まろやかになる．（多様なミネラルバランス，特にCa，Mgイオン）
香　り	・加熱香気の生成促進（無機栄養塩類の効果）
物　性	・ねり製品の弾力増強（トランスグルタミナーゼによる坐りの促進）深層水塩の焼き塩　ねり製品の物性を強化．（酸化力による） ・寒天の硬さを強化（リン酸イオンの効果） ・うどんの茹でで麺の物性を強くする．タンパク質の緻密な網状構造．（主にCa，Kの効果．） ・パン生地のきめを細かくする． ・豆腐のきめを細かくする．
保　存　性	・飽和濃度以上では水分活性が食塩より低い．逆に，低濃度では高い．
機　能　性	・血中コレステロールを低下． ・深層水中でビタミンCは安定 ・ジメチルアミンと亜硝酸からのニトロソアミンの生成を抑制
安　全　性	・急性毒性はない． ・病原性，食中毒細菌，ウィルスは検出されず． ・環境汚染物質（PCB，有機塩素系，フェノール類）定量限界以下．

§8. 今後の課題

　深層水が，先に述べたように，麹や酵母など微生物の発育を促進する効果があるということは，これらの有用な微生物に対してだけでなく，腐敗に関係する微生物の発育促進にも影響する可能性が予想されるので，深層水の使用を食品の保存性との関連で更なる検討が必要である．

　深層水の研究を通じて海水からの塩や海水中の成分の食品への役割が見直されるきっかけになるのではと考えている．
なお，深層水を食品利用するのは清浄な海水という意味が強いと考えられるので，海の汚染を進めないことが大切である．

　以上述べてきたように，深層水の食品への影響に関する研究は始まったばかりで，深層水を使うとどんな効果が出るかという現象面の研究は比較的進んできた．しかし，何が起こっているのか，なぜそうなるのかに関する研究はまだ少なく，今後に期待される．

文　献

1) 伊藤美保・鈴木平光：深層水利用食品の機能性と安全性，食の科学，258, 40-46 (1999).
2) 吉田秀樹：よくわかる海洋深層水（高橋正征監修），コスモトゥーワン，2000, pp. 130-139.
3) (財)高知県産業振興センター編：平成10年度地域先導研究成果報告書・室戸海洋深層水の特性把握および機能解明, 1999.
4) (財)高知県産業振興センター編：平成11年度地域先導研究成果報告書・室戸海洋深層水の特性把握および機能解明, 2000.
5) (財)高知県産業振興センター編：平成12年度地域先導研究成果報告書・室戸海洋深層水の特性把握および機能解明, 2001.
6) 伊藤慶明：水産ねり製品への深層水の利用と効果，食の科学，258, 24-30 (1999).
7) 伊藤慶明：海洋深層水を使用したかまぼこの弾性，フードリサーチ，534, 57-62 (1999).
8) 田中幸彦：海洋深層水の豆腐製造への利用，月刊海洋号外，22, 146-150 (2000).
9) 園田昭司：海洋深層水を使った漬物はまろやかな味，フードリサーチ，532, 20-23 (1999).
10) 橋本壽夫：製塩法と塩の性質，日本食品科学工学会誌，49, 437-446 (2002).
11) 橋本壽夫：食生活における塩の役割と保健問題，食の科学，292, 9-15 (2002).
12) 八藤　眞：21世紀，健康のための塩の科学，同誌，292, 15-23 (2002).
13) 岡林信夫：市販食用塩の品質，同誌，292, 4-8 (2002).

10. うどんの品質に与える影響

森 岡 克 司*

　うどんは，小麦粉に食塩と水を加えて作られる伝統的な食品であり，その食味は，歯ごたえ，歯ざわり，舌ざわり，のど通りなどの言葉で代表されるような，粘弾性・表面の状態などの物理的性質の影響が大きいといわれている[1]．うどんについても最近"海洋深層水入り"と称した製品が多数販売されるようになっており，食味が改善される，物性がよくなるなどといわれているが，その効果が海洋深層水（以下，深層水）のどのような作用によるのかを科学的に証明したデータはなく，詳細は不明である．ここでは，まず，深層水を用いた市販うどんの物性を通常の市販品と比較し，うどんの物性に対する深層水の何らかの特徴が認められるか検討した．さらに実際深層水を添加してうどんを調製し，その物性を調べるとともに低真空走査型電子顕微鏡で組織構造を観察することによって，うどんの物性への深層水の効果を検討した．

§1. 市販海洋深層水うどんの物性および微細構造比較

　"深層水うどん"3種類を含む市販うどん5種類（ゆでうどん3種類，生うどん2種類）を入手した．ゆでうどんでは，試料1と2が"深層水うどん"として市販されていた．原材料の表示を見ると試料2については脱塩深層水（DDSW）と塩として天然天日塩を使用していた．また，試料1については深層水（DSW）そのものを使用しており，塩は添加していなかった．うどんの物性は水分含量の影響を強く受けるので[1]，物性測定用試料は水分含量が同一になる条件で比較検討した．各うどんの原材料および物性の測定結果を表10・1に示した．ゆでうどんでは，DSW添加およびDDSW添加うどんの引っ張り強度がそれぞれ0.201 kg/cm^2，0.202 kg/cm^2 となり，従来品の引っ張り強度0.263 kg/cm^2 に比べて，有意に低くなった（$p<0.01$）．また，DSW添加うどんの伸びは0.94となり，DDSW添加うどんの伸び（1.13）や従来品の伸び（1.12）に比

---

* 高知大学農学部

べて有意に低い傾向を示した（$p<0.01$）．一方，生うどんでは，DSW添加うどんの引っ張り強度（0.372 kg / cm^2）および伸びともに従来品より有意に高くなった（$p<0.01$）．一般に麺類の物性は，小麦粉中のタンパク質量や麺の水分量に影響され，小麦粉中のタンパク質量が高いほど，また水分含量が低いほど麺の引っ張り強度は高くなる[1]．しかし，ゆでうどん，生うどんともに，タンパク質量と引っ張り強度の間に相関関係は認められなかった．

表10・1　海洋深層水を用いた市販うどんの物性の比較

	試料	原料	引っ張り強度* （kg / cm^2）	伸び*
1	ゆでうどん （DSW）	小麦粉 海洋深層水	0.201 ± 0.01	0.94 ± 0.07
2	ゆでうどん （DDSW）	小麦粉，自然塩 脱塩海洋深層水	0.202 ± 0.03	1.13 ± 0.11
3	ゆでうどん （Control）	小麦粉 食塩，水	0.263 ± 0.01	1.12 ± 0.18
4	生うどん （DSW）	小麦粉 海洋深層水	0.372 ± 0.02	1.39 ± 0.07
5	生うどん （Control）	小麦粉 食塩，水	0.335 ± 0.02	1.15 ± 0.07

*：Mean ± SD（n = 15）

うどんの物性には，麺中のグルテンやデンプンなどの組織構造が関係している[2-4]．木村ら[4]は麺中のデンプンの存在形態をクライオ走査電子顕微鏡法で観察し，うどんの硬さはデンプン粒の膨潤の程度と密接に関係することを報告した．筆者ら[5]は，市販かまぼこの物性と低真空走査型電子顕微鏡（N-SEM）観察による微細構造の間に一定の関係があることを明らかにし，N-SEMがかまぼこの構造観察に有効な手段となることを報告した．そこで，うどんについてもN-SEMによる微細構造の観察を試みた．図10・1にゆでうどんのN-SEM観察像を示した．ゆでる前（左側）では，従来品（Control）に小さな孔が認められたが，全体的には，DSW添加うどんおよびDDSW添加うどんに比べて滑らかであった．一方，2分間ゆでたもの（右側）では，いずれも滑らかな構造をしており，試料間に差は認められなかった．図10・2にゆでる前後の生うどんのN-SEM観察像を示した．ゆでる前では，DSW添加うどん・Control

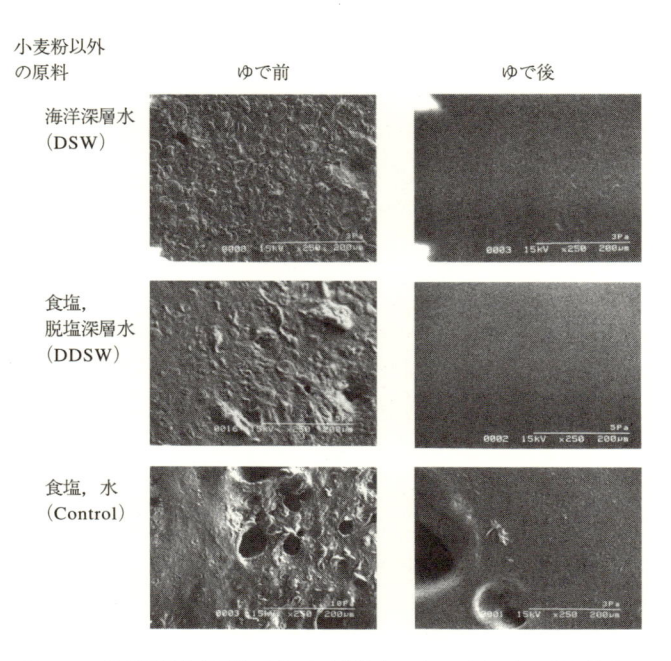

小麦粉以外の原料	ゆで前	ゆで後
海洋深層水（DSW）		
食塩, 脱塩深層水（DDSW）		
食塩, 水（Control）		

図10・1　海洋深層水を原料に用いた市販うどん（ゆでうどん）の微細構造. 低真空走査電子顕微鏡（日立製S-2380N）を用いて観察した[5].

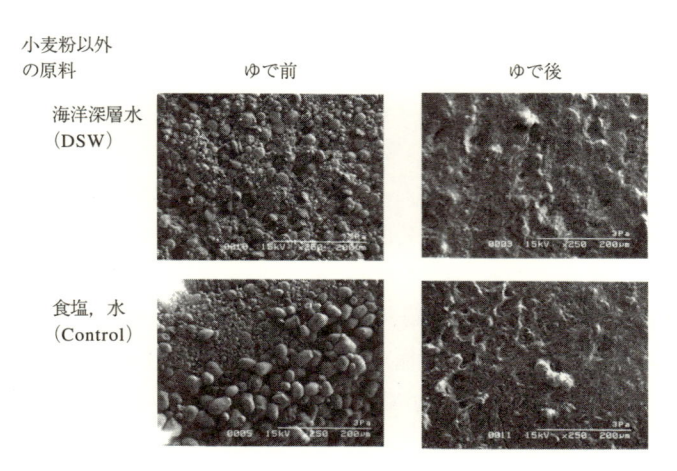

小麦粉以外の原料	ゆで前	ゆで後
海洋深層水（DSW）		
食塩, 水（Control）		

図10・2　海洋深層水を原料に用いた市販うどん（生うどん）の微細構造. 低真空走査電子顕微鏡（日立製S-2380N）を用いて観察した[5].

ともにデンプン粒と思われる粒子が多数観察されたが，DSW添加うどんに比べてControlの粒子が大きいようであった．この差異は，使用した小麦粉の品質の差によるものと考えられる．一方，10分間ゆでたものでは，ゆでる前に見られた粒状物は消え，全体的に均一な像であったが，DSW添加うどんの方がControlに比べて若干凹凸が少なく，滑らかなようであった．

このように市販のゆでうどんと生うどんでは，深層水の物性に対する効果に一定の傾向は見られず，またN-SEMによる微細構造の観察では試料間に明らかな差異は認められなかった．このことから，深層水のうどんに対する効果は，いわゆるうどんの"こし"といわれる食感に対するものではなく，それ以外の，味や色などに関係する可能性も考えられる．この点に関しては今回検討しておらず，今後の課題であろう．一方，麺の品質には主原料の小麦粉の性質，加水量および食塩添加量などの原材料や混捏と熟成，圧延と成形などの調製条件が関与することが知られている[1, 6, 7]．市販のうどんではメーカーにより原料の小麦粉の品質や製造条件が異なるため，物性に対する深層水の効果が認められなかった可能性も考えられる．そこで次に，深層水以外の製造条件を同一にしてうどんを調製し，物性の測定およびN-SEMによる微細構造の観察を行うとともに，得られたうどんについて官能検査を行い，うどんの品質に及ぼす深層水の影響を検討した．

§2. 海洋深層水がうどんの物性および微細構造に与える影響

深層水をうどんの調製に用いる場合，① 深層水原水のみを小麦粉に加える，② 深層水原水と食塩を小麦粉に加える，③ 深層水を乾燥させた塩として加えるなどの方法が考えられるが，今回は ① の方法でうどんを調製し，その効果を深層水と同濃度のNa（1％）を含む2.5％NaCl溶液を添加した場合との比較により検討した[8]．小麦粉1kg（麺用中力粉-日清製粉社製）に対して高知県海洋深層水研究所の取水施設より入手した深層水または表層海水を390 ml の割合で加え，混捏し，熟成後，圧延して生麺を調製した．この生麺を10倍量の沸騰した脱イオン水中で12分間ゆでた後，直ちに水道水で1分間冷却し，表面の水分をふき取ったものを物性の測定に供した．

DSW添加うどんの引っ張り強度（0.435kg / cm^2）は，2.5％NaCl溶液を添

加したうどん (Control) の強度 (0.398kg / cm^2) より，有意に高くなった ($p <$ 0.01)．また，DSW 添加うどんの伸びも 1.74 となり，Control の伸び 1.34 に比べて有意に高くなる傾向を示した ($p <$ 0.01)．このことから，深層水がうどんの物性に寄与していることが示唆された (表 10・2)．この実験では，深層水を添加したうどんの比較対照として，NaCl の添加量が同一になるように調製したうどんを用いた．深層水には，マグネシウム (Mg^{2+})，カルシウム (Ca^{2+})，カリウム (K^+) などの元素やその他の微量元素，硫酸イオン，硝酸イオンなどが含まれており，今回の条件では，深層水を添加したうどんにはこれらミネラルが余分に含まれていることになる．麺調製時に Ca^{2+} や Mg^{2+} を含む硬度の高い水を使用するとゆで麺がやや硬くなる傾向があるといわれている[9]．したがって深層水の効果についても NaCl 以外のこのような Ca^{2+} や Mg^{2+} などの主要元素による可能性が考えられる．

表10・2　海洋深層水のゆでめん物性への影響

添加塩溶液の種類	引っ張り強度* (kg/cm^2)	伸び*
2.5 % NaCl 溶液 (Control)	0.398 ± 0.022	1.34 ± 0.24
室戸海洋深層水	0.435 ± 0.021	1.74 ± 0.21

＊：Mean ± SD （n = 20）

　次に深層水によるうどん物性増強効果を明らかにするために，深層水を添加したうどんの組織構造を N-SEM により観察した．生麺では，デンプン粒と思われる大小多数の粒子が観察されたが，両試料間に外観上に差は認められなかった．また 12 分ゆでた後の試料では，両試料ともゆでる前に見られた粒状物は見られなく，全体的に均一な断面であり，両試料間に差は見られなかった (写真は省略)．

　児島ら[2] は酵素処理法により麺中のデンプンを除去し，グルテンの組織構造を走査型電子顕微鏡法で観察した．その結果，手延べ麺と機械麺ではグルテンの組織構造に明らかな差異が認められ，この組織構造の違いがゆで麺の物性値に大きく影響していることを示した．そこで，児島らの方法[2] に準じて，ゆで麺を酵素処理した試料について，N-SEM により観察した．図 10・3 に示したよ

うに，DSW添加うどんおよびControlともにα-アミラーゼ処理でデンプンを一部除去することで，グルテンと思われる3次元網状構造が観察され，特にDSW添加うどんでは，全体的にControlより緻密な網状構造をしていることが観察され，DSW添加うどんとControlの物性値における差は，このような構造の差に起因するものと推察した．

海洋深層水
（DSW）

食塩水
（Control）

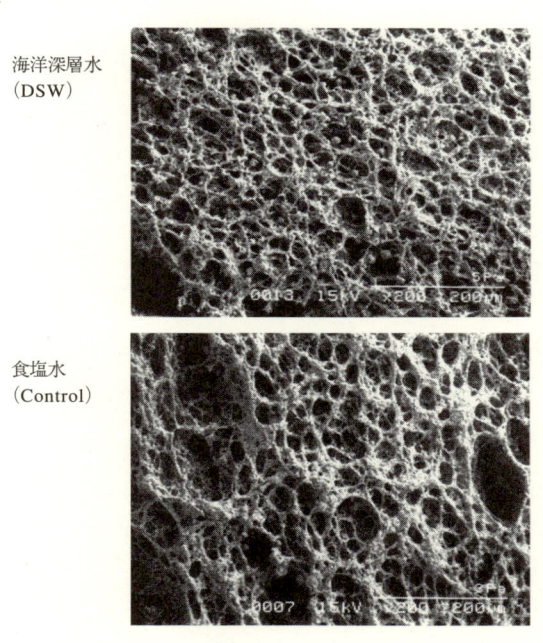

図10・3　室戸海洋深層水を原料に用いて調製したうどんの微細構造[8]．
うどん試料をアミラーゼ処理により，デンプンを除去した後，低真空走査電子顕微鏡（日立製S-2380N）を用いて観察した．

§3. 海洋深層水に含まれる主要ミネラルがうどんの物性に与える影響

深層水に含まれるナトリウム（Na^+）以外のマグネシウム（Mg^{2+}），カルシウム（Ca^{2+}），カリウム（K^+）などの主要な陽イオンの添加がうどんの物性に及ぼす影響を検討した[8]．今回実験に用いた室戸海洋深層水には，Naが1.0％，Mgが0.133％，Caが426 mg/l，Kが419 mg/l含まれていることが川北ら

[10])により報告されている．そこでMg^{2+}濃度は0.1％，Ca^{2+}濃度とK^+濃度は0.04％になるように塩化物として2.5％NaCl溶液に加えた後，pHを深層水と同様，弱アルカリ性（約7.6）に調整したものを，単独もしくは複合で製麺用水として調製したうどんの物性を調べた（表10・3）．

表10・3　各種陽イオンのゆでめん物性への影響

添加塩溶液の種類	引っ張り強度* (kg/cm²)	伸び*
室戸海洋深層水	0.435 ± 0.021	1.74 ± 0.21
2.5％NaCl 溶液（Control）	0.398 ± 0.022	1.34 ± 0.24
Mg（0.1％）添加NaCl 溶液（pH7.6）	0.407 ± 0.013	1.40 ± 0.17
Ca（0.04％）添加NaCl 溶液（pH7.6）	0.429 ± 0.019	1.54 ± 0.22
K（0.04％）添加NaCl 溶液（pH7.6）	0.426 ± 0.020	1.52 ± 0.17
Ca・K 添加NaCl 溶液（pH7.6）	0.449 ± 0.013	1.73 ± 0.29
Mg・Ca・K 添加NaCl 溶液（pH7.6）	0.423 ± 0.026	1.69 ± 0.24

＊：Mean ± SD（n = 20）

Mg^{2+}を添加したうどんでは，引っ張り強度・伸びともControlと有意差は認められなかった．Ca^{2+}もしくはK^+添加したうどんでは，引っ張り強度および伸びが添加しないものに比べて有意に高くなった（$p < 0.01$）が，DSW添加うどんに比べて，引っ張り強度は若干低く，伸びは有意に低かった（$p < 0.01$）．

＊，＊＊：試料間に有意差無し

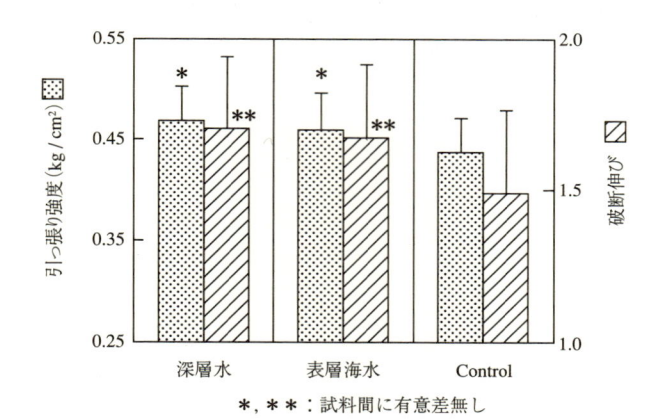

図10・4　室戸海洋深層水および表層海水を添加して調製したうどんの物性の比較[8]
　　　＊，＊＊：試料間に有意差なし

一方，Ca^{2+}とK^+の両方を添加したうどんでは，伸びはDSW添加うどんと同等であり，引っ張り強度は若干高くなった．またMg^{2+}，Ca^{2+}およびK^+の三者を加えたうどんでは，引っ張り強度・伸びともDSW添加うどんと有意差が認められなかった．

以上の結果から，深層水のうどん物性に対する効果は，含まれる主要な元素，特にCa^{2+}とK^+に起因することが示唆された．一方，これらの元素は，表層海水にも同程度含まれることから，深層水に特異的ではなく，海水としての性質によるものと推察される．そこで，室戸岬沿岸で取水した表層海水（SSW）を用いて同様にうどんを調製したところ，引っ張り強度・伸びともに深層水を添加して調製したうどんと有意な差は認められなかった（図10・4）．

§4. 今後の課題

深層水は，低温安定性，富栄養性，熟成性，ミネラル特性，清浄性などの特性をもっており，これらのうち，食品への利用については，特にミネラル特性，清浄性が重要視される．うどんの物性への深層水の効果については，海水としての性質に起因するものと推察されたが，食品としての利用を考えた場合，沿岸表層海水に比べて清浄性をもち，性質も安定している深層水の利用は，有効であるものと考えられる．今回は，深層水原水のみを小麦粉に加えてうどんを調製した．深層水の麺類への利用法としては，その他に深層水濃縮水もしくは深層水を乾燥させた塩（深層水塩）として加えるなどの方法が考えられ，今後，うどん品質へのこれらの効果についても解明する必要があろう．

文 献

1) 柴田勝久：食品の物性（第5集），食品資材研究会，1979，pp.169-182.
2) 児島雅博・村瀬 誠・戸谷精一・杉本勝之：手延べ麺と機械麺の走査型電子顕微鏡観察，食科工，39，471-476（1992）.
3) 児島雅博・外川達秋・村瀬 誠・戸谷精一・杉本勝之：麺の組織構造と物性に及ぼす加水量および食塩量の影響，同誌，42，899-906（1995）.
4) 木村利昭・藤原正弘・小川敬子・藤野良子・相良康重・神武正信・井筒 雅・中島一郎：走査電子顕微鏡による茹でうどんの構造観察，農化誌，70，1343-1350（1996）.
5) 森岡克司・Mohammed Ismail Hossain・松井武史・久保田賢・伊藤慶明：市販かまぼこの物性と低真空走査型電子顕微鏡観察による微細構造の比較，食科工，49，447-453（2002）.

6) 三木英三・福井義明:めん類に関する研究 Ⅱ, 香川大学農学部学術報告, **26**, 142-150 (1975).
7) 三木英三・福井義明・山野善正:めんのレオロジー的性質に及ぼす小麦粉生地のねかしの影響, 日食工誌, **29**, 168-174 (1982).
8) 森岡克司・延近愛子・亀井美希・川越雄介・伊藤慶明・久保田 賢・深見公雄:うどんの物性と組織構造に及ぼす海洋深層水の影響, 食科工, **52**, 420-423 (2005).
9) 川北浩久・田村光政・澤村淳二・上野愛理・山口光明・上野幸徳・岡村雄吾:海洋深層水利用のための基礎調査(第2報), 高知県工業技術センター研究報告, **26**, 8-12 (1995).
10) 今井 徹:9.3めん, 小麦の科学(長尾精一編), 朝倉書店, 1995, pp.149-165.

11. 香気への影響

沢村正義*・今江直博*

　室戸海洋深層水（以下，深層水）は通常の表層海水と異なり，低温安定性，清浄性，富栄養性などの特徴があるため，有用な海洋資源として近年注目されている．食品・飲料，医療，健康，美容，水産業，農業，エネルギーなどの様々な分野でその実用化に向けた利用技術開発が行われている[1-5]．食品分野においては，すでに深層水やその脱塩水または濃縮水，塩を利用した飲料，醤油や味噌などの調味料，羊羹などの菓子類など，多種多様な加工食品が商品化され，品質改善や嗜好性の向上が期待されている．そして深層水が食品の成分間に与える影響などについて，新しい食品化学的知見が明らかにされつつある[6-8]．一般に食品における水分が60～95％を占めていることを考えれば，食品の調理，加工，製造または保蔵において，通常の水を用いた場合と深層水を用いた場合では異なる成分間反応が起こりうることが考えられる．

　調理，加工，保蔵を目的とする多くの場合において食品は加熱処理がなされ，その成分と処理条件により成分間にいろいろな相互作用を起こし，味，におい，色，保存性など様々な面において食品としての価値が高められる．香りについては，これらの反応により食品特有の風味を醸し出す独特な香気を発生し，食品の嗜好性を高める加熱香気が発生することが知られている．この主な先駆体は食品の原材料や添加物などに含まれる糖とアミノ酸（タンパク質）である．これらは単独で加熱しても，その熱分解で色々な揮発性物質を生成するが，好ましいフレーバー成分と好ましくないものの両方を生成する．しかし，糖とアミノ酸またはタンパク質が共存するとき，これらの成分間でアミノカルボニル反応が起こり，種々の好ましいフレーバー成分が生成され，食品の品質に大きく影響を及ぼす[9,10]．アミノカルボニル反応は褐色色素と同時に種々のカルボニル化合物を生成する．このとき生成されるα-ジカルボニル化合物とα-アミノ酸とが反応して図11・1に示すようなストレッカー分解反応が起こる．この

---

* 高知大学農学部

反応は，CO_2 を脱離し，出発アミノ酸より炭素数の1個少ないアルデヒドとアミノレダクトンを生成する．このアミノレダクトンはさらに2分子縮合してヘテロ環化合物であるピラジンとなる．これらの反応によって生じるアルデヒドとピラジン類は食品の好ましい加熱フレーバーの源となる．

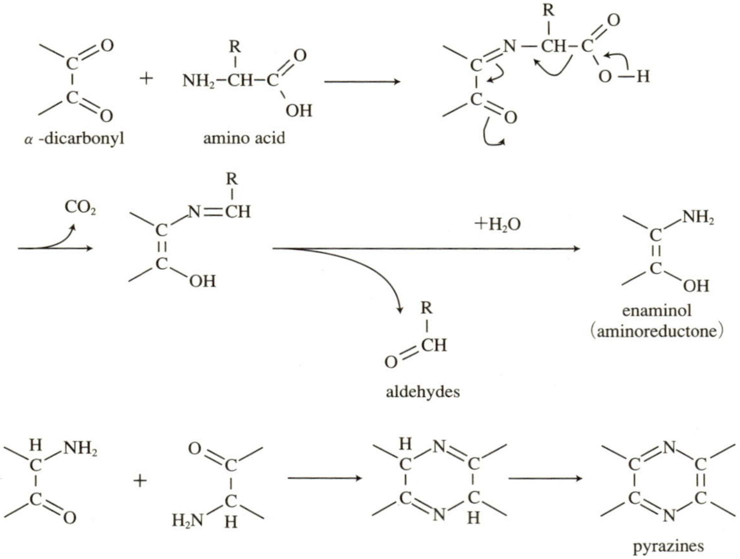

図11・1　ストレッカー分解による加熱香気生成機構

筆者は，室戸海洋深層水の特性を明らかにするために，種々の水媒体を用いて，アミノ酸-グルコースモデル反応系の加熱香気生成に及ぼす深層水の影響を調べた[11]．その結果，食品分野においてたいへん興味ある事実が見出されたので，以下にその概要を述べる．

§1．ヘッドスペース分析法による香気成分分析

表11・1に示すように，本研究に5種類の水媒体，すなわち，深層水，表層水，食塩水，脱塩深層水，超純水を用いた．

加熱香気の抽出・分析法として固相マイクロ抽出（SPME）法を導入した．この方法は，密閉容器内の被検液のヘッドスペース（HS）中の香気成分を特殊

表 11・1　水媒体試料

水媒体	性　質
深層水	高知県室戸海洋深層水研究所において水深344 m から取水した海水 pH 7.8〜8.0；塩分濃度，3.5 %
表層水	高知県室戸海洋深層水研究所において水深0.5 m から取水した海水 pH 8.2；塩分濃度，3.5 %
食塩水	3.5 %（w/w）塩化ナトリウム水溶液
脱塩深層水	深層水を逆浸透膜方式で脱塩した水 pH 7.0；電導度，200〜350 μS/cm
超純水	ミリ-Q 水

なファイバー表面上に吸着させ，直接，ガスクロマトグラフィー（GC）およびガスクロマトグラフィー－質量分析計（GC-MS）で定性・定量分析を行う方法である．抽出条件およびファイバーの種類の検討を行った結果，以下のように最適抽出条件を設定した．

【HS-SPME 抽出条件】
・SPME ファイバー：　膜厚75 μm Carboxen™ / ポリジメチルシロキサン
　　　　　　　　　　（CAR-PDMS，スペルコ社製）
・プレインキュベーション時間：10 分間，40℃
・HS-SPME 抽出時間：30 分間，40℃
・GC および GC-MS 分析カラム：　DB-Wax（長さ60 m×内径0.25 mm，
　　　　　　　　　　　　　　　　J & W Scientific 社製）
・内標準：0.05 % 1-ヘキサノール

§2. 加熱香気組成に及ぼす海洋深層水の影響
2・1　加熱によって生成された揮発性成分

各水媒体（表11・1）を使用して，0.5M アミノ酸（グリシン，アラニンまたはセリン）-0.5M グルコース混合溶液，または0.2 M アミノ酸（バリンまたはメチオニン）-0.2M グルコース混合溶液をそれぞれ調製した．各試料溶液は5 ml 容耐熱バイアルに2 ml 入れ，セプタム付きキャップで密封した．なお，表層水，脱塩水，食塩水および超純水は0.1N 塩酸または0.1N 水酸化ナトリウム水溶液を用いて深層水と同一のpHに調整した．グリシン，アラニン，セリン

反応系は15時間，そしてバリン，メチオニン反応系では10時間，100℃で加熱することにより生成する加熱香気成分について分析を行った．

　水媒体として深層水を用いた種々のアミノ酸-グルコース混合溶液を加熱して生じた揮発性成分のGC-MS解析の結果を図11・2に示す．それぞれの反応系においてアルデヒド類，エステル類，ケトン類，フラン類，ピラジン類などが検出・同定された．

　グリシン反応系では8個，そして アラニン，バリン，セリン，およびメチオ

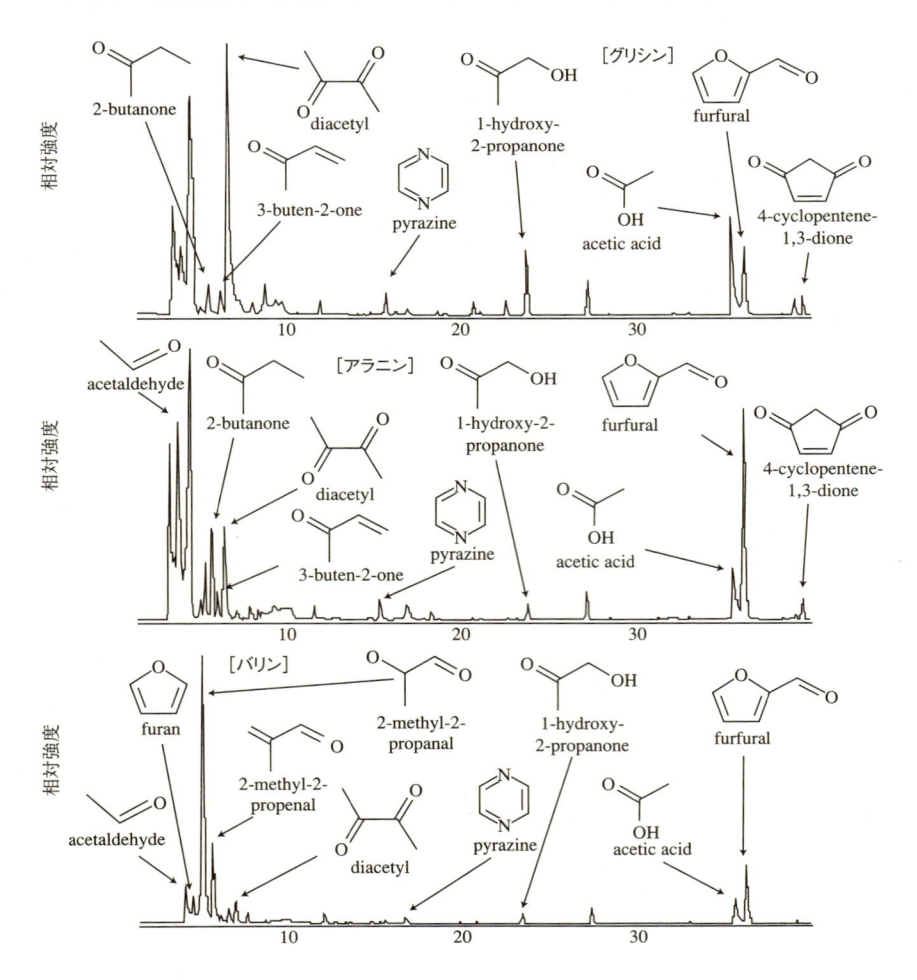

11. 香気への影響　133

ニンの各反応系ではいずれも9個の揮発性化合物をGC-MSで同定した．ピラジン，ジアセチルおよび1-ヒドロキシ-2-プロパノンはすべての反応系において検出された．また，ほとんどの反応系において酢酸，フルフラールが検出された．極微量成分として，GCでは検出できずGC-MSでわずかに検出されたピラジン誘導体やフラン誘導体も存在した．ピラジンは図11・1で示すようにアミノカルボニル反応の中間反応であるストレッカー分解によってアミノレダクトンの縮合により生成される主要な香気性窒素化合物である．この化合物お

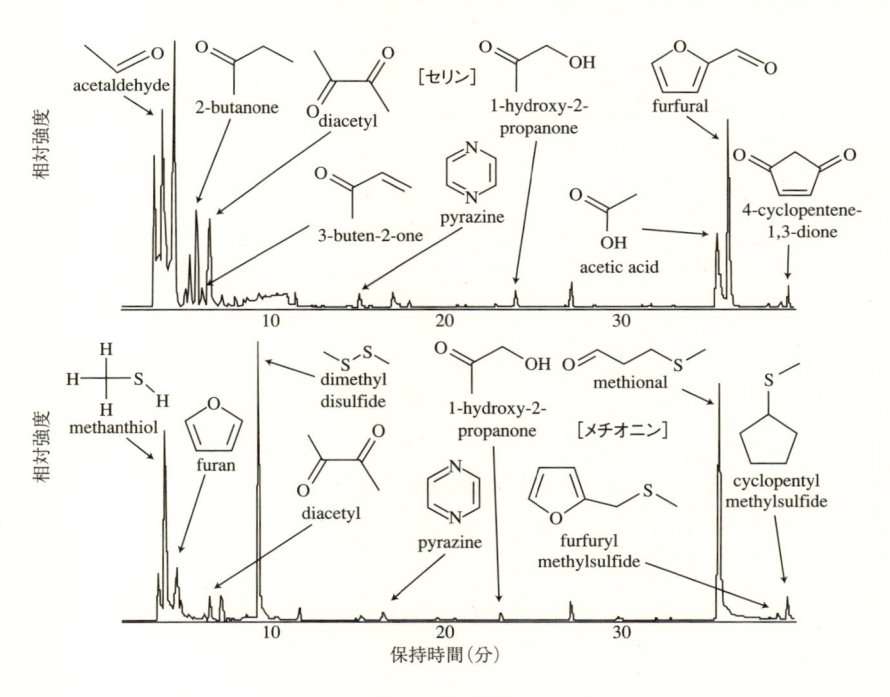

図11・2　アミノ酸-グルコースモデル系のガスクロマトグラム

よびその誘導体は，加熱食品，とくに多くの食品の焙焼香である"こうばしい"香りの重要な構成成分となっている[9,10]．フルフラールはグルコースの1, 2-エノール化によって生成したと思われ，甘く焦げ臭を呈するアルデヒドであり，パンの加熱香気の主要成分の1つである．フランまたはその誘導体はカラメル様のにおいを有するが，脱水反応により，グルコースの1, 2-エノール化を経て生成したと思われる．

アラニン，バリンおよびメチオニン反応系では，そのアミノ酸よりも炭素数の1つ少ないストレッカーアルデヒドであるアセトアルデヒド，2-メチルプロパナールおよびメチオナールがそれぞれ主要ピークとして検出された．ストレッカーアルデヒドは独特な香気を示し，加熱食品に特徴的な香りを与えることが知られている．グリシンおよびセリン反応系ではストレッカーアルデヒドであるホルムアルデヒドとグリコールアルデヒドは確認できなかった．これはこれらの成分の高い揮発性と反応性によるものと考えられる[12]．

含硫アミノ酸であるメチオニンの反応系では，ストレッカーアルデヒドであるメチオナールの他，メタンチオールやジメチルジスルフィドなどの含硫化合物も検出された．硫黄化合物は一般に，けもの臭や生ぐさ臭などオフフレーバー（異臭）とされている一方で，極低濃度ではロースト臭などの肉様加熱香気であり，多くの食品において嗜好性を高める重要な香気成分でもある[9]．

2・2　加熱香気生成量に及ぼす深層水の影響

深層水および各種水媒体を用いた5種類のアミノ酸-グルコース反応系において生成した加熱香気のピーク総面積比のグラフを図11・3 (a) に示す．また，ストレッカー分解反応によって生成される代表的な化合物であるピラジンのピーク面積比を図11・3 (b) に，アラニン，バリンおよびメチオニン反応系で確認された各ストレッカーアルデヒドのピーク面積比を図11・3 (c) に示す．また，すべてのアミノ酸反応系において検出されたジアセチルと1-ヒドロキシ-2-プロパノンの面積比を図11・3 (d) および図11・3 (e) に，メチオニン以外の反応系で検出されたフルフラールの面積比を図11・3 (f) に示す．

1）グリシン-グルコース反応系

本反応系では，深層水媒体下における加熱香気の生成量が多く，次いで表層水，超純水における生成量が多いことが観察された．そして深層水媒体下では

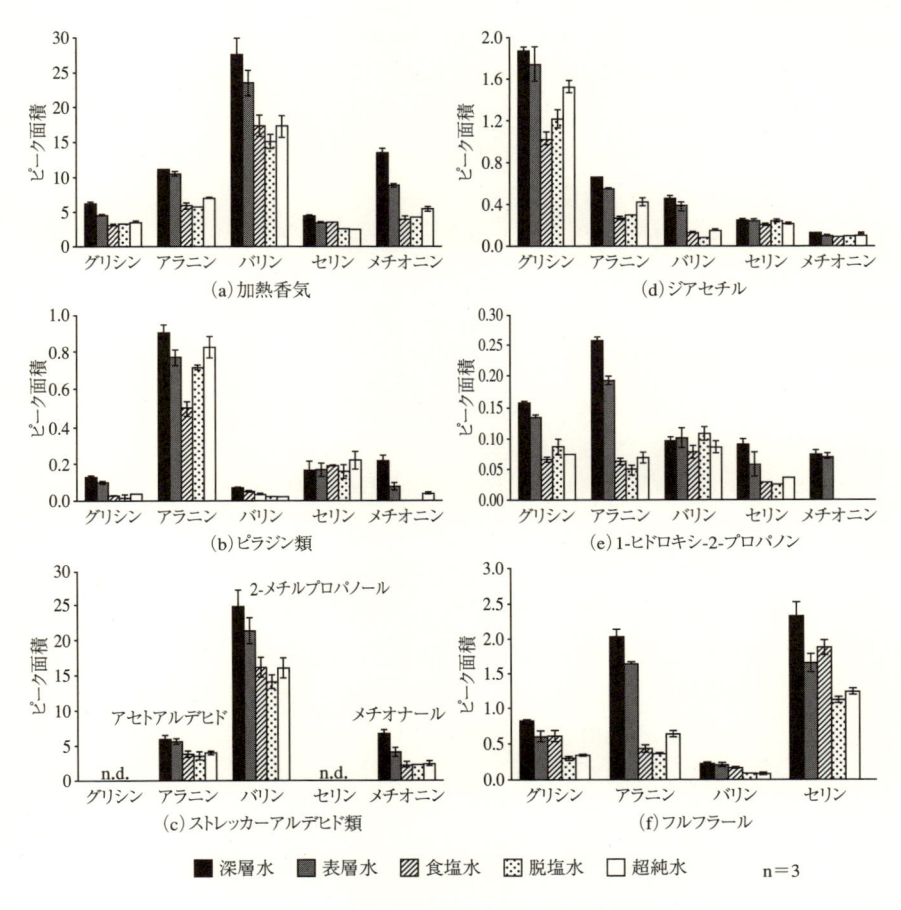

図11・3 アミノ酸-グルコースモデル系からの生成量

他の水媒体下と比べて1.4〜2.0倍生成量が多いことが確認された．脱塩水と食塩水の間で有意な差は見られなかった．ピラジンのピーク面積比はピーク総面積比とほぼ同様の傾向を示した．ストレッカーアルデヒドであるホルムアルデヒドは，GCの検出器が水素炎イオン化検出器のため検出できなかった．ホルムアルデヒドは褐変と同様にカラメル様のフレーバー形成を抑制するので，例えばカラメル様のフレーバーを有するフラン類などの生成量が少ない場合に多く生成されるのではないかと推測される[13]．ジアセチルはこの反応系の主要

ピークであり，また他のアミノ酸反応系の生成量に比べて，4～18倍多く生成された．この成分は深層水媒体下において脱塩水，食塩水，超純水よりも生成量は有意に高かったが，表層水との有意差はなかった．1-ヒドロキシ-2-プロパノンとフルフラールの生成量は深層水媒体で有意に高く生成された．

2) アラニン-グルコース反応系

相対的に深層水媒体下における加熱香気の生成量が多く，次いで表層水，超純水における生成量が多いことが観察された．そして深層水媒体下では他の水媒体下と比べて1.1～2.0倍生成量が有意に多いことが認められた．脱塩水と食塩水では有意な差は見られなかった．ピラジンのピーク面積比はピーク総面積比とは異なった傾向が見られた．深層水媒体下で最も多く，次いで超純水，表層水，脱塩水，そして食塩水の順に少なかった．しかしながら深層水と超純水，また超純水と表層水において有意な差は見られなかった．食塩水ではピラジン生成量が，どの水媒体よりも有意に少なかった．アラニンの場合，ストレッカーアルデヒドであるアセトアルデヒドが各水媒体において主要生成物として定量された．そのピーク面積比は深層水で他の水媒体に比べて1.1～1.7倍多かったが，深層水と表層水では有意な差は見られず，食塩水，脱塩水および超純水では同様の傾向が認められた．本反応系のピーク総面積比はバリンを除く他のアミノ酸反応系と類似していたが，図11・3 (b) に示すようにピラジンのピーク面積比が他の反応系における生成量と比較して非常に高かった．ピラジン類の生成量は，アミノ酸や糖の種類，加熱温度と時間により著しく影響を受けるといわれている[14]．本実験条件は，他のアミノ酸に比べてアラニンがもっともピラジンを生成しやすい条件であったものと推察される．ジアセチル，1-ヒドロキシ-2-プロパノン，フルフラールの生成量も深層水媒体で他の媒体よりも有意に高かった．とくに1-ヒドロキシ-2-プロパノン，フルフラールで表層水を除く3つの水媒体よりも3～5倍顕著に多かった．

3) バリン-グルコース反応系

他のアミノ酸反応系の濃度の0.5 Mから0.2 Mとし，加熱時間も15時間から10時間と反応条件を温和にしたにもかかわらず，ピーク総面積比がどの水媒体においても約2倍ともっとも多かった．すなわち，本実験で使用した他の反応系と比べて加熱香気生成反応が著しく促進された．この反応系においても

全体的に深層水における加熱香気の生成量が多く，次いで表層水で多いことが観察された．深層水媒体下では他の水媒体下と比べて1.2～1.8倍多く加熱香気成分が生成された．食塩水，脱塩水および超純水の比較では脱塩水が他の2種の水媒体よりもピーク面積比は小さかったが，有意差は見られなかった．ピラジンの生成量に関しては深層水でもっとも多く，次いで表層水，食塩水の順であった．脱塩水と超純水ではほぼ同様の傾向が見られた．図11・3 (c) に示すようにストレッカーアルデヒドである2-メチルプロパノールが著しく生成され，どの水媒体においてもピーク総面積の約90％を占めていた．その相対面積比はピーク総面積比と類似しており，深層水媒体下で他の水媒体下に比べて1.2～1.8倍多かった．また，ジアセチルでは各媒体間で生成量の差が明確であったけれど（図11・3 (d)），1-ヒドロキシ-2-プロパノン（図11・3 (e)），フルフラール（図11・3 (f)）では生成量の差があまり見られなかった．

4）セリン-グルコース反応系

本反応系においても全体的に深層水媒体下における加熱香気の生成量が多いことが観察された．深層水媒体下では他の水媒体下と比べて1.3～1.8倍生成量が多いことが認められた．しかしながら表層水と食塩水，また脱塩水と超純水においては有意な差が見られなかった．図11・3 (a) に示すようにこの反応系は全体的に揮発性成分の生成量が少なかった．ピラジンとジアセチルの生成量は少なく，いずれの水媒体においても有意な差は見られなかった．しかし，1-ヒドロキシ-2-プロパノンおよびフルフラールでは各水媒体間に差異が見られ，深層水媒体下で有意に高かった．とくに，フルフラールは他の反応系よりも比較的ピーク面積比が高かった．セリンからのストレッカーアルデヒドであるグリコールアルデヒドは本実験では認められなかった．

5）メチオニン-グルコース反応系

図11・3 (a) から明らかなように深層水媒体下における加熱香気の生成量がもっとも多く，他の水媒体下と比べて1.6～3.5倍であった．深層水に次いで表層水，超純水での香気生成量が比較的多かった．脱塩水と食塩水においては有意な差は見られなかった．また，ピラジンのピーク面積比は，深層水でもっとも高く次いで表層水，超純水であった．食塩水と脱塩水ではピラジンがまったく検出されなかった．メチオニンの分解物である含硫化合物のメタンチオー

ル，ジメチルジスルフィド，メチオナールの生成量が多く，ピーク面積比から，深層水媒体下では他の水媒体下に比べてそれぞれ，1.6～3.8倍，1.6～8.2倍，1.6倍～3.0倍であった（データは示さない）．メチオナールの生成量は各水媒体におけるピーク総面積比の割合に類似した傾向を示した．ジアセチルでは生成量にあまり差がなく，1-ヒドロキシ-2-プロパノンは深層水と表層水媒体下でしか検出されなかった．

　以上の結果より，5種類すべてのアミノ酸-グルコース反応系において水媒体間で反応性に差が見られた．とくに深層水と表層水媒体下における反応生成物のピーク総面積比は，他の水媒体下に比べセリンを除くすべての反応系で有意に高いことが明らかとなった．すなわち，海水媒体下では加熱香気生成反応が促進されることが示唆された．また，同一海水である深層水と表層水を比較した場合は加熱香気生成反応が前者で促進される傾向が見られ深層水の効果が示唆された．一方，深層水を脱塩した脱塩水媒体では，食塩水および超純水媒体とほぼ同じ傾向が見られた．本実験で使用した脱塩水は，深層水を逆浸透膜脱塩法により製造されたものである．脱塩水の電導度は200～350μS/cmであり，深層水からかなりのミネラル成分が除去されていることから，深層水とは異なる挙動を示したものと考えられる．なお，本実験では，アミノ酸およびグルコース添加量から加熱香気成分への転換率は絶対量測定が困難であるため求めていない．アミノ酸－糖反応系における加熱香気生成反応は，pH，温度，水分，共存物質などの因子によって大きく影響を受ける[10, 15, 16]．本実験においては深層水媒体試料と各水媒体試料を比較可能とするため，pH，加熱温度，加熱時間およびアミノ酸-グルコース試料溶液の濃度および量は，各反応系のすべての水媒体試料で同一条件とした．また，加熱後の各試料のpH変化は，1～2の低下が見られたが，その傾向はそれぞれの水媒体で共通していた．したがって，各試料液で加熱香気生成量の違いは，水媒体中の共存物質の影響が反映されたものと考えられる．このことは海水と同じ塩化ナトリウム濃度に調整した食塩水で，加熱条件，pHなどを各水媒体と同じにしたにもかかわらず，深層水および表層水の加熱香気生成量よりも有意に少なかったことからも裏付けられる．一方，食塩水は脱塩水および超純水と同じ，もしくは超純水よりも若干反応抑制傾向を示した．このことは塩化ナトリウムが加熱香気生成反応の

促進因子ではないこと，あるいは負の因子であることを示唆するものである．換言すれば，海水中に含まれるミネラルや栄養塩類などの微量物質が加熱香気生成反応に影響しているのではないかと推察される．

§3. 海洋深層水による加熱香気生成反応促進要因の検討

アミノ酸-グルコースモデル系の加熱香気生成反応が表層水よりも深層水媒体下で促進することを述べてきた．表11・2に示すように深層水と表層水に含まれる主要元素やMnを除く微量元素量にはそれほど大きな違いは見られないが，栄養塩類である硝酸態窒素，リン酸態リン，ケイ酸態ケイ素ではそれぞれ約17倍，5倍，5倍と深層水に多く含まれる[6]．このことから，海水中に含まれる栄養塩類が加熱香気生成反応を促進する要因の1つではないかと考えられる．そこで，表11・2を参考にしながら，表層水と比べ深層水中に多く含まれ

表11・2 表層水と深層水の無機物濃度[6]

濃度		無機物	表層水	深層水
	%	Na	0.97	1.00
		Mg	0.130	0.133
主要元素	$\mu g/l$	Ca	421	426
		K	406	419
		Br	79.1	80.8
		Sr	7.91	8.03
		B	4.75	4.69
		Ba	0.025	0.045
		F	0.53	0.50
		SO_4^{2-}	2680	2770
栄養塩類	$\mu g/l$	NO_3-N	1.49	25.9
		PO_4-P	0.34	1.65
		SiO_2-Si	13.6	64.2
微量元素	$\mu g/l$	Pb	0.099	0.111
		Cd	0.009	0.029
		Cu	0.320	0.173
		Fe	0.371	0.281
		Mn	1.214	0.153
		Ni	0.330	0.376
		Zn	0.66	0.71
		As	0.33	0.41
		Mo	7.81	7.73

ている3種類の無機栄養塩類（NO_3-N，PO_4-P，SiO_2-Si）に注目し，その加熱香気生成量への影響について検討した．

3・1　栄養塩類の効果

深層水または表層水媒体下における0.2 Mアラニン-グルコース系をモデル試料とした．表層水には，無機栄養塩類として硝酸ナトリウム（N），リン酸水素二ナトリウム（P），メタケイ酸ナトリウム（Si），そしてこれら3種の混合塩（NPSi）を，深層水含有量と同じ濃度になるよう添加した．また，100倍量添加した試料についても検討した．なお，pHはすべて深層水試料と同じpHに調整した．各試料は130℃，2時間加熱することにより加熱香気を生成させた．

各試料で定量された加熱香気成分のピーク総面積の結果を図11・4に示す．深層水媒体下におけるピーク総面積は，表層水と比べて約1.4倍高かった．各塩を表層水に添加した試料では，無添加の表層水試料に比べておよそ1.1倍～1.3倍増加した．そして，これらの塩を100倍量添加した場合でも，1.1～1.5倍生成量が増加し，とくに，3種の混合塩を100倍量添加した場合は生成量の増加が著しく，深層水試料との有意差もなくなった．これらのことより，深層水中における栄養塩類の揮発性成分生成促進効果が推測された．また，硝酸塩とケイ酸塩は，深層水含有量よりもさらに濃度を高めると，この促進効果を抑制した．

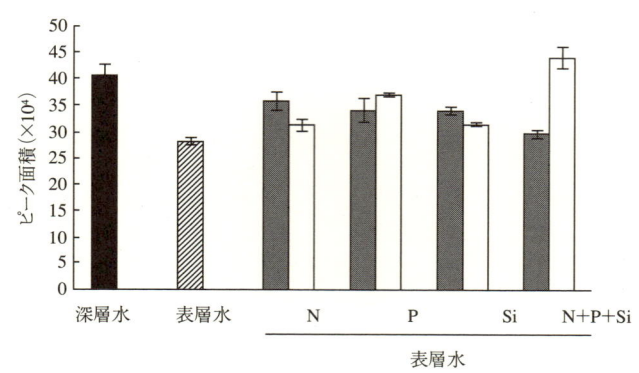

図11・4　アラニン-グルコース系表層水溶液への栄養塩類添加に及ぼす加熱香気生成量への影響

3・2 緩衝作用

リン酸塩に関してはその緩衝能力が,アミノカルボニル反応で重要な役割を果たすことが知られている[15].一般にアミノカルボニル反応の速度はアルカリ性でより大きいが,この反応中に生じる酸性の生成物によってpHは低下する.そこで,リン酸塩はその緩衝作用により褐変が進むのに都合のよいアルカリ性環境を維持する.本反応系においても,加熱時間の経過とともにpHの低下が観測され,深層水試料ではpH 6.3,表層水試料ではpH 5.7まで下がった.わずか0.6の差ではあるが,よりアルカリ性であった深層水媒体下でアミノカルボニル反応が促進された可能性が推測できる.つまり,リン酸塩含有量が表層水より多い深層水でこの反応が進むことが示唆される.本研究でリン酸塩を添加した試料で生成量が増加したことからも推測される.しかし,加熱香気は糖単独の熱分解によっても生成され,高いpHがピラジン類の生成に好まれる一方で,低いpHはフラン類やその誘導体の生成に好まれることが知られている[17].また,深層水および表層水に含まれるリン酸塩の量は極微量であるので,リン酸塩の緩衝能のみの影響とはいえず,他の要因も考えられうる.

以上,深層水を食品に利用する際に,深層水中に含有する栄養塩類の量を調整することで,さらに加熱香気の生成を促進させたり,あるいは抑制させたりすることができ,その用途に応じた深層水の多様な利用の可能性が考えられる.本研究では栄養塩類について検討してきたが,深層水と表層水の間には栄養塩類の他にも成分間に差が見られる.例えばマンガンのような表層水と比べて約8倍多いミネラルが深層水中には含まれている.そして,海水のように無機塩類が共存した場合,カルシウムやアルミニウムは反応を阻害しそのほかの金属は反応を促進させることも知られている[18].また,深層水中に未知の成分が存在する可能性も考えられうる.今後,室戸海洋深層水における加熱香気生成反応の促進要因については,さらに詳細に検討していく必要があろう.

文献

1) 沢村正義:室戸海洋深層水の食品利用への期待,醸界春秋,73,47-49 (2002).
2) 隅田 隆・田村愛理・川北浩久:室戸海洋深層水の特性,海水誌,55,158-165 (2001).
3) 豊田孝義:海洋深層水の利用,同誌,55,216-222 (2001).
4) 筒井浩之・豊田孝義:海洋深層水の利用研

究と今後の展望, 同誌, **55**, 289-293 (2001).
5) 佐々木貴子編:驚異のミネラルパワー「海洋深層水」, KKベストセラーズ, 2001, pp.1-66.
6) 久武陸夫:海洋深層水の食品への利用と今後, 調理食品と技術, **6**, 99-107 (2000).
7) 沢村正義・A. K. Fazian・受田浩之:海洋深層水媒体下における寒天ゲルのレオロジー特性, 海水誌, **56**, 32-40 (2002).
8) 沢村正義:寒天ゲル・ゼリー化および食品香気への影響, 海洋高知の可能性を探る(高知大学創立50周年記念事業委員会編), 高知新聞企業, 2005, pp.35-40.
9) H.-D. Belitz and W. Grosch: Food Chemistry Second Edition, Springer, 1999, pp.267, 332-351, 684-688.
10) 並木満夫・中村 良・川岸舜朗・渡邉乾二:現代の食品化学, 第2版, 三共出版, 1992, pp.84-95, 224-228.
11) 沢村正義・今江直博・A. K. Fazian・受田浩之・深見公雄:室戸海洋深層水媒体下における加熱香気生成反応に関する研究, 海水誌, **57**, 113-121 (2003).
12) C.K. Shu: Pyrazine formation from amino acids and reducing sugars, a pathway other than Strecker degradation, *J. Agric. Food Chem.*, **46**, 1515-1517 (1998).
13) R. P. Venskutonis, R. Vasiliauskaite, A. Galdikas, and A. Setkus: Use of GC-headspace and "electronic nose" for the detection of volatile compounds from glucose-glycine Maillard reaction, *Food Control*, **13**, 13-21 (2002).
14) F. L. Martin and J. M. Ames: Formation of Strecker aldehydes and pyrazines in a fried potato model system, *J. Agric. Food Chem.*, **49**, 3885-3892 (2001).
15) N, L. Pripis, G. de Reveal, A. Bertrand, and A. Maujean: Formation of flavor components by the reaction of amino acid and carbonyl compounds in mild conditions, *ibid*, **48**, 3761-3766 (2000).
16) N. A. M. Eskin, H. M. Henderson, and R. J. Townsend:食品の生化学(川村信一郎訳), 医歯薬出版, 1973, pp.139-148.
17) F. Jousse, T. Jongen, W. Agterof, S. Russell, and P. Braat: Simplified kinetic scheme of flavor formation by the Maillard reaction, *J. Food Sci.*, **67**, 2534-2542 (2002).
18) 大西正三:食品化学, 朝倉書店, 1969, pp.179-183.

12. 発酵食品への効果

上東治彦[*1]・加藤麗奈[*1]・佐見 学[*2]・上神久典[*2]

　海洋深層水（以下，深層水）を清酒醸造に使ったらどうなるか？　当研究室では各地の井水や当時売り出されていた種々の機能水を使った発酵試験を行ってきた．異なった仕込水を用いた発酵試験は酵母或いは原料米を違えた試験よりも影響が現れにくく，再現性もあまりよくない．しかし，深層水を仕込水に添加した発酵試験を行ったところ，対照と明らかな差が見られ，再現性もよかった．以後，最適な深層水の添加量などを追及し，1996年には特許出願，同年，全国初の深層水清酒を製品化した．その後，地域先導研究やアサヒビールとの共同研究を通し，なぜ深層水が効くのかといった機能解明や他の発酵食品への応用研究を進めてきた．ここではこれらの研究成果を紹介する．

§1. 清　酒
1・1　清酒造りのあらまし
　清酒造りの工程を図12・1に示す．もろみの段階で麹と酒母を蒸米，仕込水とともに発酵タンクに仕込み，発酵を開始する．発酵中は麹の酵素により，蒸米をブドウ糖に分解し（糖化），これを酵母が取り込んでアルコールを生成する（発酵）．この糖化と発酵が同時に進行するため並行複発酵と呼ばれる．この発酵方式により清酒は高濃度の仕込が可能となり，ビールやワインに比ベアルコール生成量が多い．深層水を用いた清酒造りでは仕込水に深層水原水を一

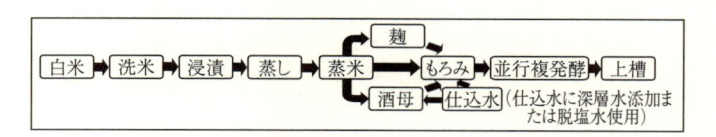

図12・1　清酒造りの工程

[*1] 高知県工業技術センター食品開発部
[*2] アサヒビール（株）

定量添加するか，或いは仕込水全量に逆浸透膜で脱塩した脱塩水（発酵に効果が得られる程度のミネラルを残している）を使用している．

1・2 海洋深層水による清酒造り

深層水を用いた清酒発酵試験の結果を示す[1]（表12・1）．脱塩水に深層水を0.5％〜1.5％添加した試験区では，対照の水道水よりもアルコール収得量が増加し，酒を搾った後の固形分率が少なくなる傾向が見られた．これは原料米の溶解がよく進んだことを示す．また，清酒にとっては雑味成分であるアミノ酸（多すぎると酒の味が悪くなる）は深層水添加量が多くなるほど少なくなり，逆に発酵の最後まで生きて働いている酵母菌数は多くなる傾向があった．これは深層水を添加することによって，酵母の増殖が活発となり，酵母によるアミノ酸の取り込み量が増加したことと，発酵末期の酵母死滅によるアミノ酸増加が抑えられたためと考えられる．また，清酒の吟醸香としては酢酸イソアミルは重要であるが，この香気成分が深層水添加区で高くなる傾向があった．これ

表12・1 海洋深層水を用いた清酒小仕込試験

	日本酒度	アルコール (％)	純アル収得 (l/t)	固形分率 (％)	酸度 (ml)	アミノ酸度 (ml)	OD260
水道水	−6.7	17.4	278	31.6	2.75	2.66	0.640
脱塩水	−7.7	16.9	268	32.4	2.75	2.60	0.652
脱塩水＋0.2％深層水	−7.7	16.9	264	32.4	2.75	2.51	0.636
脱塩水＋0.5％深層水	−7.2	17.5	279	31.6	2.76	2.51	0.612
脱塩水＋1.0％深層水	−6.7	17.5	286	30.4	2.70	2.30	0.604
脱塩水＋1.5％深層水	−6.2	17.9	293	30.6	2.68	2.25	0.580
脱塩水＋2.5％深層水	−7.1	17.5	285	31.7	2.78	2.16	0.567

	酵母死滅 (％)	全菌数 (×10^8)	酢酸エチル (ppm)	酢酸イソアミル (ppm)	イソアミルアルコール (ppm)	カプロン酸エチル (ppm)
水道水	7.4	1.86	66.2	3.29	141.8	1.65
脱塩水	11.2	2.23	50.0	2.75	136.6	1.68
脱塩水＋0.2％深層水	5.8	2.46	48.1	2.98	144.2	1.72
脱塩水＋0.5％深層水	5.5	2.36	56.0	3.43	159.6	1.76
脱塩水＋1.0％深層水	6.5	2.85	64.4	3.85	172.0	1.77
脱塩水＋1.5％深層水	3.9	2.68	80.0	4.90	176.3	1.81
脱塩水＋2.5％深層水	6.3	2.56	78.7	4.91	159.9	1.88

使用麹：70％乾燥麹，使用白米：70％他用途米，酵母：61KA1，最高温度：15℃，
醪日数：15日，水道水電気伝導度：152 μS/cm，脱塩水電気伝導度：64 μS/cm

らの効果は実製造場において原料米,使用酵母,仕込時期を同一とした,井水と井水に深層水を添加した比較試験でも確認された．更にこれらの清酒を3ヶ月貯蔵した後の官能評価の結果,深層水を使用したものが高い評価を受け,品質的にも優れることが示された．尚,上記発酵試験で対照に用いた脱塩水は電気伝導度（水中のミネラル量を表す指標）が水道水の半分以下であり,この場合にはアルコール収得量は水道水よりも低くなった．このことは深層水中のミネラルが重要であることを示している．

1・3 海洋深層水の原料蒸米分解（糖化）への効果

清酒は並行複発酵が行われるため,清酒醸造への深層水の効果を解明するためには麹の糖化と酵母の発酵に対する深層水の影響を個々に調べる必要がある．先ず,麹の糖化への影響について検討した結果を示す（図12・2）．図の総合力価とは麹の酵素活性の強弱を示す指標であるが,活性測定時の反応液に深層水を添加すると,深層水5％まではその添加量に比例して総合力価が高められた．塩により麹からの各種酵素の溶出が促進されることが知られているが,深層水添加による糖化の促進はこの塩の効果と考えられる．尚,深層水中に含まれる各種塩類を用いて同様に酵素活性を測定したが,同濃度であれば$CaCl_2$で最も総合力価が高くなった（データは示さない）．しかし,深層水中の各塩類の濃度から考えれば,糖化の促進効果はやはりNaClが主体である．

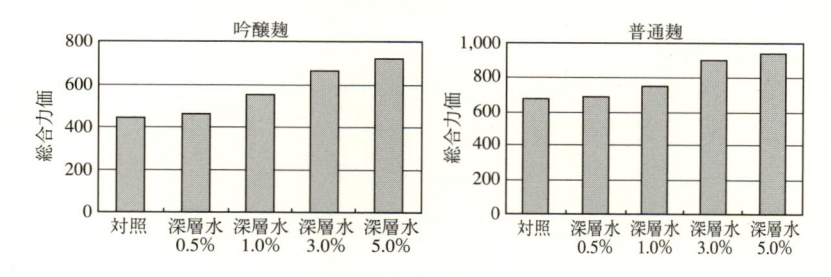

図12・2 海洋深層水の原料蒸米分解（糖化）への効果

1・4 海洋深層水の酵母への効果（DNAマイクロアレイによる遺伝子解析）

深層水の酵母単独に与える影響を調べるため,蒸米を麹により糖化させた後,遠心分離により上清を得,これに酵母を添加する発酵試験（もろみ上清試験）を行った[2]．このモデル系により麹（糖化）への深層水の影響は除かれる．深

層水1%（予備試験により求めた最適量）を添加して行った発酵試験の結果を示す（図12・3）．深層水添加により酵母増殖やアルコール生成は若干は促進されるが，有意差はなかった．しかし，香気生成においては重要な吟醸香である酢酸イソアミルやカプロン酸エチルなどは有意に増加し，深層水清酒で香りが高くなるのは，酵母単独においても深層水が香気生成を促進するためであることが確認された．

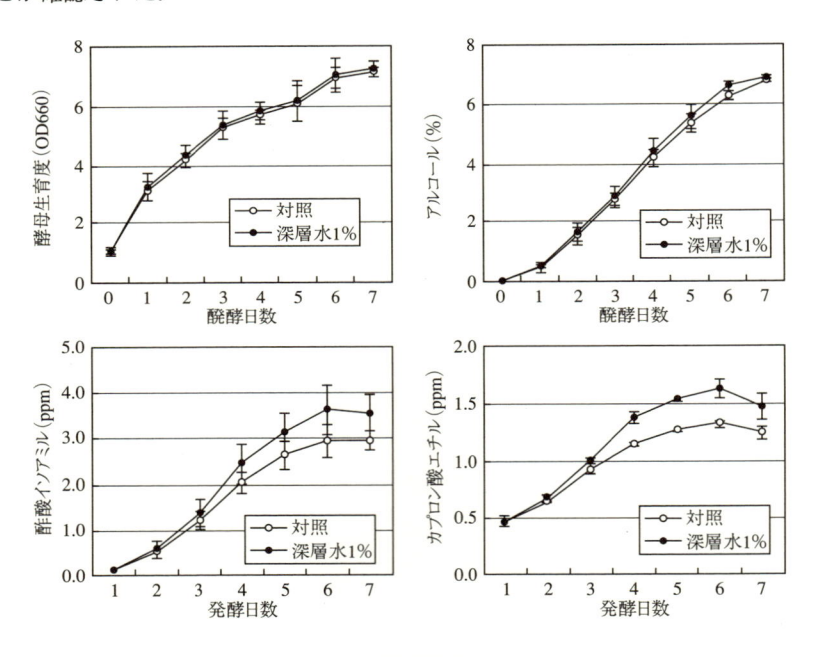

図12・3 海洋深層水の酵母への効果

そこでこの香気生成促進の作用機構を解明するため，DNAチップ[*3]により酵母遺伝子の解析を行った（図12・4）．その結果，深層水添加酵母は対照に比べ，酢酸イソアミルの前駆物質であるイソアミルアルコール生成経路の*ILV2*遺伝子（その他アミノ酸代謝関連遺伝子群）や，カプロン酸エチルの前駆物質である脂肪酸合成経路のACC1遺伝子（その他脂肪酸代謝関連遺伝子群）の転

[*3] DNAチップとはスライドガラス上に酵母の約6,000個の遺伝子をスポットしたもので，酵母の生育の過程でどの遺伝子がよく発現しているかを解析する手法である

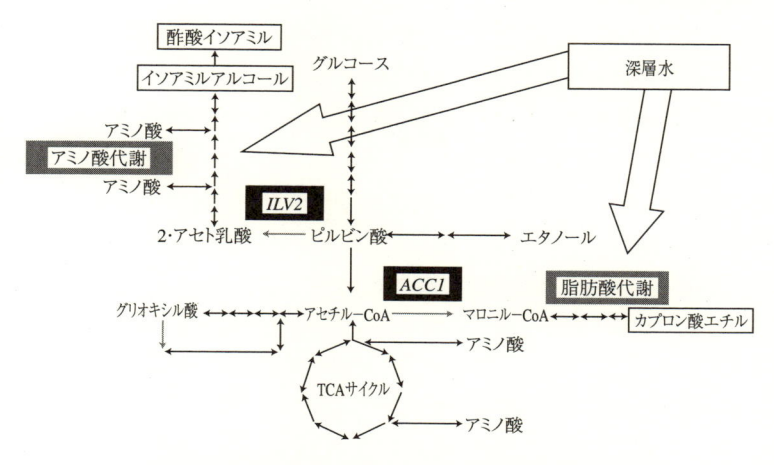

図12・4　酵母代謝において推定される海洋深層水の作用ポイント

写が有意に上昇していた．このことから深層水の香気生成促進効果は，酵母の遺伝子レベルでの活性化に起因することが推定された．

1・5　海洋深層水中のどの成分が酵母の香気生成に関与しているか

深層水に含まれる主要ミネラルであるNa，K，Mg，CaのCl塩を，深層水1％添加した場合の個々のミネラルと同濃度になるよう添加し，もろみ上清試験を行った（図12・5）．その結果，Naに最も香気生成促進効果が見られたが，その寄与度は深層水添加の7割程度に留まった．また，これらのミネラルを様々な組み合わせで添加した発酵試験も行ったが，やはり深層水には及ばなかった．このことから深層水の効果において，Naは効果の主体ではあるものの，

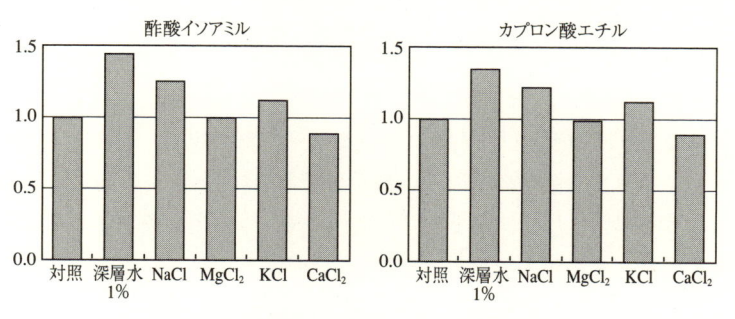

図12・5　香気生成に関与するミネラル（対照の香気生成量を1とする）

深層水の微量成分を含む成分バランスが重要であることが示された.

次に，効果の最も高かったNaと深層水および対照との比較試験を行い，発酵中の酵母遺伝子をDNAチップで解析した．尚，Naは深層水を1％添加した場合のNaCl濃度で添加した．その結果，Na添加区は深層水と同様にアミノ酸代謝関連遺伝子群や脂肪酸代謝関連遺伝子群の転写が上昇しており，香気生成の作用機構に関してはNaと深層水が同一であることが示された．しかし，これ以外の発現された遺伝子群を比較するとNaと深層水では大きく異なっていることから，酵母生理に与える影響は違うことが推察された．そこで異なる発現を示した遺伝子群について詳細に調べた結果，そこには①発酵に重要な遺伝子群（$PDC5$, $TH111$, $TH112$など）や②イオンストレスに応答して発現する遺伝子群（$CNA1$, $BUD6$, $PHO89$など）が存在した．また，Na以外の成分は，①の発現低下を回復させるとともに，②については発現を抑えることがわかった．このことはNaには香気生成促進効果をもつものの，増殖や発酵に関連する重要な遺伝子の発現を抑制すると同時に，酵母にストレスを与えていること，さらには，これらNaによる悪影響をNa以外の深層水に含まれる成分が緩和させる方向に働いているということを推察させるものである．

これらのことを受けてNa，深層水および対照の吟醸酒小仕込試験を行い，清酒メーカーの専門パネリストにより官能審査を行った結果，深層水区がNa区や対照区より有意に優れるという結果が得られた．以上のことは清酒醸造にとって深層水は単にNaClだけの効果ではなく，その他の微量成分を含む各種ミネラルが重要な働きをもつことを示すものである．

1・6 海洋深層水の製麹への利用

清酒醸造に用いる麹はデンプン分解系の糖化力やα-アミラーゼ（AA），タンパク質分解系の酸性カルボキシペプチダーゼ（ACP）を生産し，これらの酵素バランスにより酒の香味は左右される（糖化系酵素が強く，逆にアミノ酸生成を促すタンパク質分解酵素の弱い麹が良好とされる）．この麹造りに深層水がどのような影響を与えるかを検討した[3]．試験は白米を各濃度の深層水に一定時間浸漬して，深層水のミネラルを吸着させ，水切りし，蒸煮した後，種麹を散布して製麹した．その結果，50％深層水試験区までは対照に比べ糖化力，AA活性が上がり，逆にACP活性は低く抑えられ，理想的な麹が得られた

（図12・6）．これらの麹を用いて清酒小仕込試験を行った結果，対照に比べアルコール収得量や全菌数が多くなり，香気成分では酢酸イソアミルが増加した．

深層水麹でACP活性が低くなる原因について検討した結果，深層水麹では製麹中の35〜40℃の温度帯（この温度帯でACPは最も生成される）で速やかに品温が上昇し（麹菌の増殖が促進されるためと考えられる），ACP生成温度帯の通過時間が短くなることが，ACP活性抑制の原因であることがわかった．

これらの実験結果をもとに深層水麹仕込による実地醸造を行ったところ，淡麗型の上質な清酒が得られた．このように麹造りに深層水を用いても，良質の麹が得られ，酒質も向上させることができた．

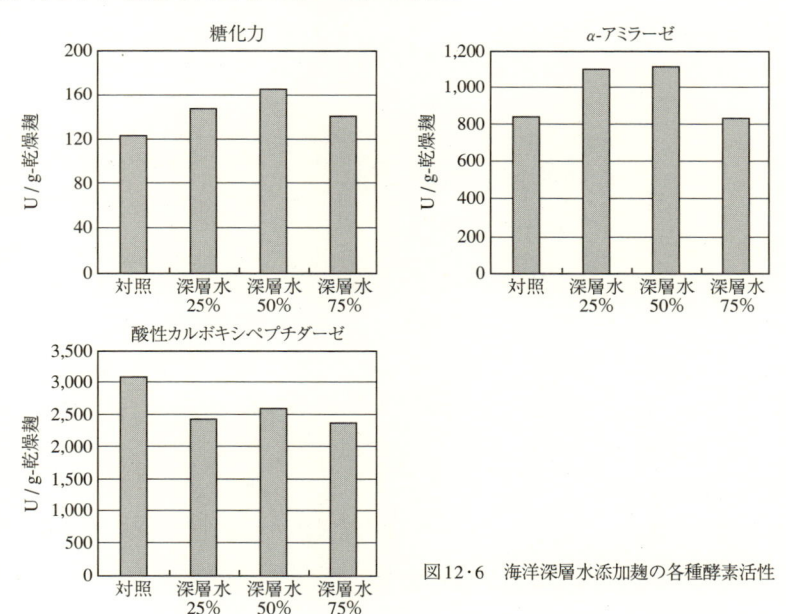

図12・6　海洋深層水添加麹の各種酵素活性

§2．ビール

通常の井水を用いて調整したビール麦汁に深層水を添加して発酵試験を行った（図12・7）．その結果，酵母菌数は発酵開始1日目から深層水区が高く，それに伴い主発酵時の糖度の減少度，アルコールの生成ともによくなった．また，香気成分では酢酸イソアミルが発酵中深層水区で高く推移し，最終製品でもこ

れらのエステルは高くなった．このように発酵時に深層水を添加することにより，発酵初期の酵母増殖やアルコール生成が促進され，芳香性の高いビール醸造が可能であることが示された．尚，この発酵試験はビール麦汁に深層水原水を添加したものであるが，県内の地ビール醸造所では麦芽糖化時から発酵に至るまで深層水脱塩水＋深層水原水を用いて仕込を行っている．

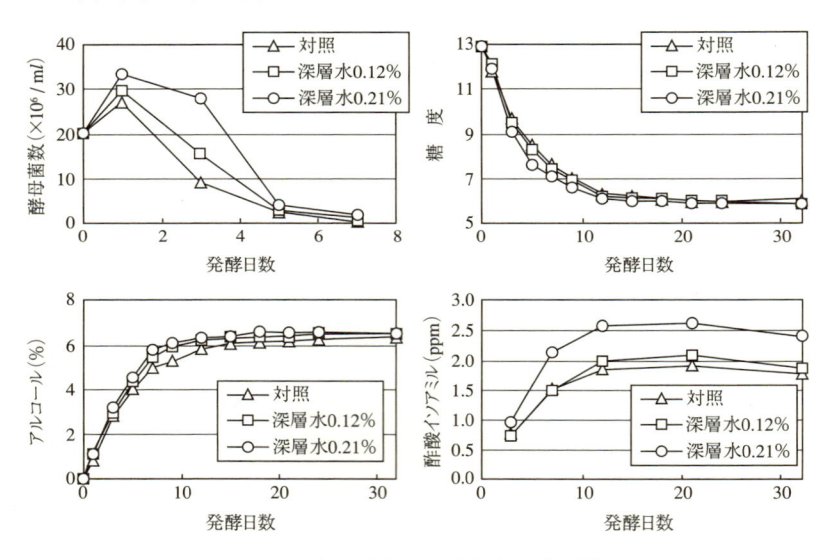

図12・7　ビール醸造に及ぼす海洋深層水の影響

§3. 醤油・味噌

醤油醸造において仕込水に井水＋並塩と深層水＋並塩を用いる比較試験を実製造規模で行った結果，深層水区ではエタノールと乳酸の生成量が高くなった（図12・8）．エタノールや乳酸は醤油の香気成分でもあり，雑菌の繁殖を抑制し，塩辛さを低減させる効果がある．醤油中の耐塩性酵母 Saccharomyces rouxii

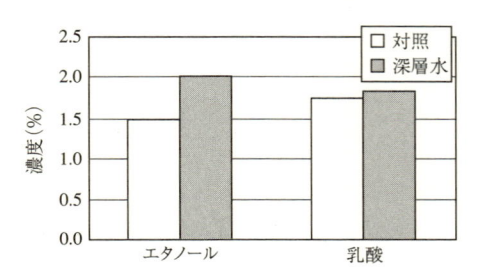

図12・8　実製造規模での海洋深層水使用醤油のエタノール，乳酸生成量

と耐塩性乳酸菌 *Pediococcus halophilus* の増殖に及ぼす深層水の影響を合成培地を用いて調べた結果，いずれの菌株も深層水添加区がよく増殖し，前記の実規模での結果は耐塩性の酵母や乳酸菌への深層水の効果と考えられた．また，醤油や味噌の味に影響する全窒素量やアミノ酸量も深層水仕込では高くなるという結果も得られている．

§4. 今後の利用への期待

深層水と表層水の違いについてよく尋ねられる．これまでに示した醸造用微生物以外にも，乳酸発酵や清酒生モト系酒母に関与する乳酸菌，納豆製造に用いる納豆菌，ワイン醸造用の酵母について深層水の影響を調査したが，いずれの微生物においても増殖度が高まったり，発酵生産物の生成量が増加したりするといった結果が得られている．微生物の増殖や発酵には元来，各種ミネラルは欠かせないものであり，深層水にはこれらミネラルをバランスよく含んでいると考えられる．この点から言えば深層水と表層水には効果の違いがあまり認められないが，深層水のもつ清浄性，季節変動の少ない安定性があってはじめて食品への利用が可能になった，いわば近くて遠い存在であった海水の利用であり，今後も様々な発酵食品への深層水の利用が進むと思われる．

文献

1) 久武陸夫・上東治彦・森山洋憲・鶴田望：海洋深層水の発酵食品への利用と効果，日本醸造協会誌，95，478-484（2000）．
2) 上東治彦・加藤麗奈・杉山洋・上神久典・中尾みか・佐見学：海洋深層水が清酒酵母に与える影響，日本醸造協会誌，101，117-124（2006）．
3) 上東治彦・加藤麗奈・藤原理恵：海洋深層水の清酒麹への利用と効果，日本醸造協会誌，98，152-158（2003）．

13. アオノリ培養への影響

野村　明[*1]・中田有樹[*2]

　スジアオノリ *Ulva prolifera* は，日本各地に分布し，日本人にとって昔から身近な海藻であり，自然界では西日本を中心に河川下流域を含めた河口域で1～4月に繁茂する．この時期のスジアオノリについては，生長や成熟に及ぼす温度の影響や四万十川並びに吉野川産スジアオノリの生活史などが報告されている[1, 2]．

　スジアオノリは，アオノリ属 *Enteromopha* に分類されてきたが，近年，アオノリ属はHaydenらにより分類学的にアオサ属 *Ulva* に統一された[3]．

　一般にアオノリとはアオサやヒトエグサを含めて言われ，掛け青海苔，もみ青海苔，粉末青海苔としてお好み焼きや菓子などに利用されることが多く，インスタント食品の普及によって需要が高まってきている．年間生産量は300 t程度である．

　高知県室戸市高岡漁協では陸上施設でスジアオノリのタンク養殖が行われている．この施設では海洋深層水（以下，深層水）の低温安定性，清浄性および富栄養性の3大特性を活かして1年中養殖できるシステムが確立している．しかし，深層水で培養したスジアオノリの成分については，四万十川で天然に採取されたものと一般成分を比較した研究はこれまでにあるものの，他の成分については調べられていない．また，深層水を利用したスジアオノリの養殖法が確立されているとはいえ，その用水の塩分を変えたり表層水を用いたりした場合の生長率や成分の特性についても調べられていない．ただ，これまで経験的に，塩分の異なる用水や表層水で培養した場合，アオノリの色や味に違いが見られることがわかっている．

　そこで本研究では深層水，深層水と真水の混合水および表層水で培養したスジアオノリの生長率を比較するとともに，天然の四万十川産を含めた4試料に

[*1] 高知県工業技術センター
[*2] 小倉屋昆布食品（株）

ついて成分，特に窒素化合物について比較検討した．

§1. 異なる海水での培養比較—スジアオノリについて
1・1 スジアオノリの生長率

スジアオノリを深層水で培養した藻体（DSW），深層水と水道水を1：1で混合した水で培養したもの（D17）および表層水で培養したもの（SSW）の生長率を図13・1並びに13・2に示した．なお，希釈するために用いた水道水には殺菌のために塩素が添加されており，塩素は藻類の生育を妨害することからそれを除去するために活性炭処理をした．

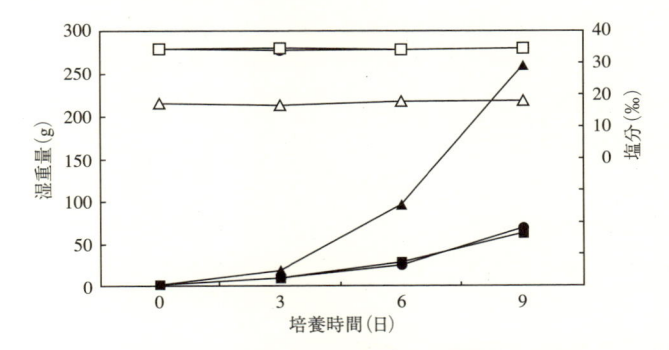

図13・1　スジアオノリの成長および培養海水の塩分
藻体の湿重量：(●), DSW；(▲), D17；(■), SSW．塩分：(○), DSW；(△), D17；(□), SSW

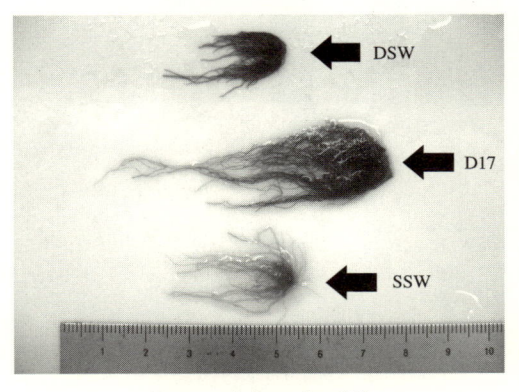

図13・2　培養6日後の藻体

D17培養タンクのスジアオノリが最も速い生長を示した．実験開始9日目にはD17の湿重量が258.7gであったのに対して，DSWでは68.1g，SSWが60.8gと約4倍の差が生じた．1日当たりの増重率より求めた生長速度は各試験区とも実験開始3日目以降その速度の低下が見られた．塩分およびpHに関しては各試験区で変化は見られなかった．

3種類の海水で培養した試料を天然の四万十産と比べると，DSWは遜色なく深緑色をしていたが，D17は若干黄緑がかり，SSWではかなり黄緑色になっていた．色の面からは培養した3試料の内，DSWが最もよかった．

そこでクロロフィル量を調べてみると，クロロフィルaはDSW（233mg％）＞D17（132mg％）＞SSW（42mg％），クロロフィルbはDSW（332mg％）＞D17（180mg％）＞SSW（34mg％）といずれの場合も深層水で培養した試料でクロロフィル量の多いことがわかった．色素量と培養水の栄養塩類とは密接に関係しているものと推察された．

1・2　一般成分

培養した3種と天然のスジアオノリの一般成分分析結果を図13・3に示した．粗タンパク質含量はDSWでは37％以上（乾物重量当たり）であったが，天然の四万十川産では32％，D17では18％と深層水培養試料の1/2，SSWでは1/4程度（9.4％）しか含まれていなかった．

粗脂肪は1％前後で試料による差は認められなかった．灰分は天然産が27％と最も多く，培養した試料ではDSW＞D17＞SSW，粗繊維はD17＞天然＞SSW＞DSWの順であった．粗繊維を除くその他の糖質は粗タンパク質とは逆にSSW（67％）＞D17（54％）＞天然（42％）＞DSW（37％）の順であった．

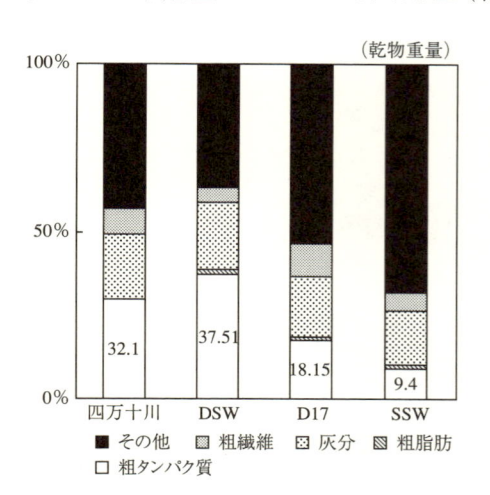

図13・3　スジアオノリ一般成分
四万十川産　DSW：深層水培養　D17：深層水希釈水培養　SSW：表層水培養

以上のことから，深層水で培養すると一般成分の面から天然に近いものが得られるか，むしろタンパク質の多いものが得られるが，表層水や希釈した深層水では天然のものより粗タンパク質含量の少ないことがわかった．

§2. 乾燥スジアオノリからの窒素成分の抽出方法

窒素成分の内容をさらに詳細に調べるため，窒素成分の抽出を試みた．海藻から成分を抽出する場合，熱水抽出する場合が多い．しかし，窒素を含む成分には酵素などのタンパク質もあり，熱によって失活したり変性したりすることが考えられ，熱をかけての抽出は正確に成分を調べるには好ましい方法ではないと考えられる．そこで先ず天然の四万十産（乾燥品）を用いて抽出法を各種検討した．

2・1 温度の影響

試料藻体に純水を加えて容器を煮沸水中に浸漬して抽出した場合と室温で攪拌して抽出した場合の溶出窒素量を比較した（図13・4）．

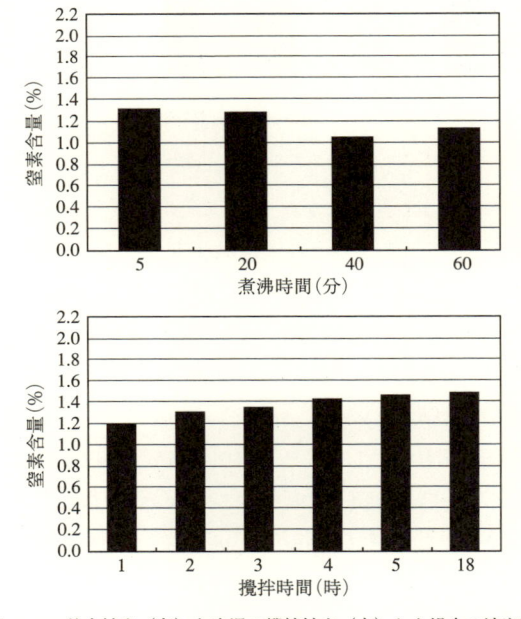

図13・4 熱水抽出（左）と室温で攪拌抽出（右）した場合の溶出率

熱水抽出の場合，加熱時間とともに抽出量は減少した．一方，室温で攪拌して抽出した場合には時間とともに抽出量は増加し，ほぼ5時間後に一定になり，その後18時間行ってもほとんど増加しなかった．熱水に比べ，抽出量は12％程度増加した．

2・2　塩濃度の影響

筋肉タンパク質や酵素タンパク質などは一般に塩濃度が高くなると溶出率が上昇したり浸透圧の作用で純水よりも塩溶液に多く溶出したりする場合がある．このことを確かめるために0～2Mの食塩水で抽出した（図13・5）．

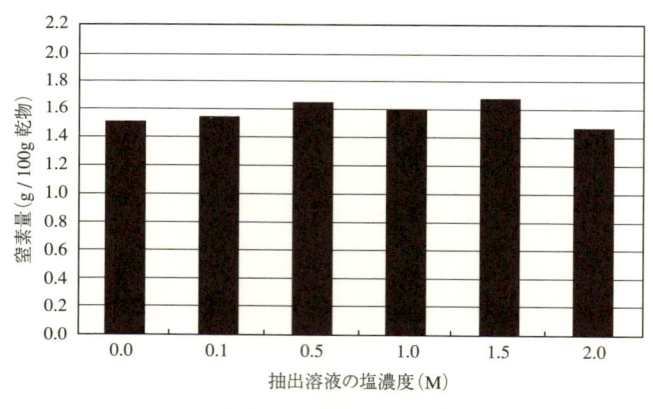

図13・5　食塩濃度と溶出率

0.5Mまでは溶出率は上昇したが，それ以上の濃度では溶出量はそれほど上昇せず，1.5Mで最大に達し，その後は減少した．純水で抽出した場合より10％程度溶出率は高くなった．

2・3　物理的方法による影響

組織からタンパク質などの成分を抽出する場合，抽出溶媒にどれくらい溶けるか，組織をどの程度細かく破砕できるかによって大きく影響される．

ここでは組織の破砕方法としてホモジナイザーを用いた場合，超音波で処理した場合，海砂とともに擂り潰した場合について比較した．

その結果，海砂とともに擂り潰す方法が最も溶出率は大きくなり，最も低かった超音波処理に比べ，20％以上の違いが認められた（図13・6）．

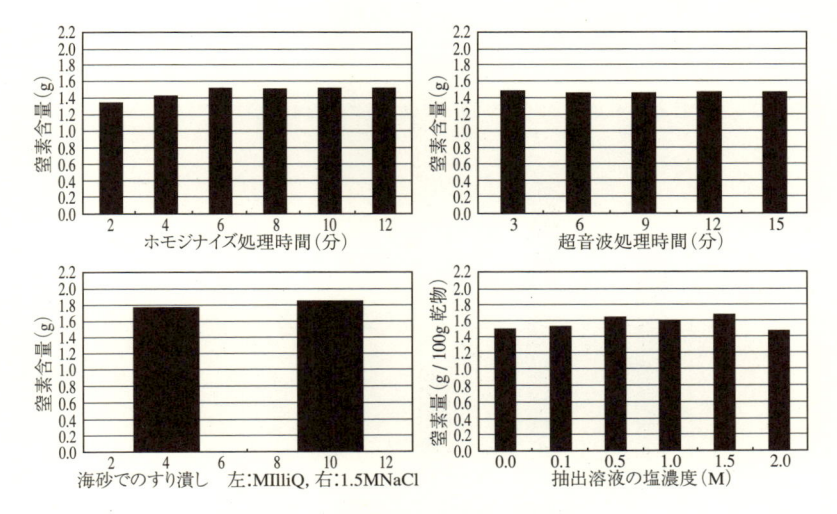

図13・6 物理的方法による溶出率の違い

§3. スジアオノリの窒素成分の比較—天然産と培養

これまで抽出方法について検討した結果，1.5Mの食塩水を溶媒に用い，海砂とともに擂り潰す方法が最も溶出率が高かったことから，この方法で天然の四万十産，DSW，D17およびSSWの各試料，いずれも乾燥品から溶出される窒素成分について検討した．

3・1 抽出粗窒素およびエキス窒素

各海藻に1.5M食塩水を加え，海砂とともに擂り潰して抽出される窒素成分を図13・7に示した．

全窒素（図13・1）の場合と同様，抽出された粗窒素，エキス窒素いずれもDSWが最も高く，D17の場合の3倍近く溶出された．

しかし，いずれの場合も溶出される窒素量は全窒素量に対し，DSWで34％，四万十産31％，D1722％，SSW24％という結果で，海砂ですり潰しても65％以上の窒素化合物は抽出されていなかった．

3・2 遊離アミノ酸

天然の四万十川産，DSW，D17およびSSW，いずれも乾燥品をスルフォサルチル酸で除タンパクした各試料液について遊離アミノ酸組成並びにその含有

量を測定した．その結果を表13・1に示した．いずれの試料も絶対量は異なるもののアスパラギン酸，グルタミン酸，アスパラギン，グルタミン，セリン，アラニン，グリシン，バリン，プロリンの占める割合が高かった．

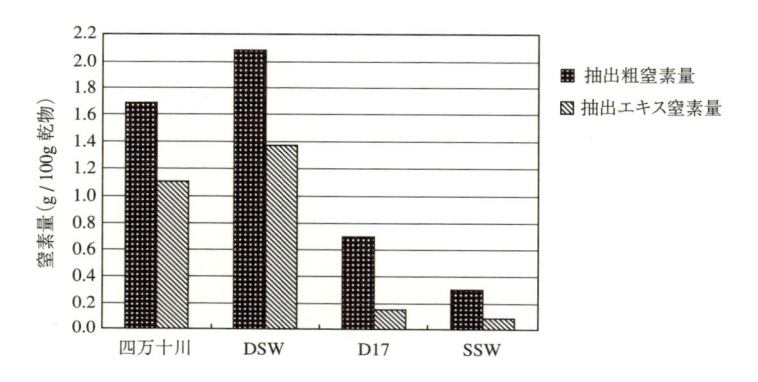

図13・7　天然産および培養スジアオノリから抽出される粗窒素とエキス窒素

表13・1　天然産および培養スジアオノリの遊離アミノ酸
(mnol / 100g 乾物)

	四万十川	DSW	D17	SSW
TAU	1.08	1.51	0.45	0.10
ASP	0.99	2.49	0.36	0.08
THR	0.28	0.25	0.07	0.03
SER	0.86	0.57	0.28	0.15
ASN	5.81	7.93	1.39	0.07
GLU	5.35	2.1	0.95	0.34
GLN	2.34	0.44	0.1	0.07
GLY	0.69	0.42	0.11	0.03
ALA	2.55	0.91	0.45	0.18
VAL	0.76	0.37	0.06	0.04
MET	0.06	0.05	0.0	0.0
ILEU	0.21	0.16	0.03	0.02
LEU	0.19	0.24	0.06	0.02
TYR	0.06	0.06	0.0	0.0
PHE	0.09	0.12	0.04	0.03
HIS	0.05	0.05	0.03	0.0
LYS	0.09	0.18	0.07	0.05
TRP	0.04	0.23	0.0	0.0
ARG	0.13	0.47	0.07	0.0
PRO	1.44	1.53	0.0	0.07

中でもタウリン,アスパラギン酸,アスパラギンは深層水で培養した試料に多く,グルタミン酸,グルタミン,アラニンは天然の四万十川産の試料に多く認められた.このようにアミノ酸組成が異なることは水質環境や栄養塩濃度などが影響しているものと推察されるが,興味深いところである.

3・3 タンパク構成アミノ酸

上記4種の藻体を塩酸加水分解したタンパク構成アミノ酸の組成を表13・2に示した.アスパラギン酸,スレオニン,セリン,グルタミン酸,グリシン,アラニン,バリン,ロイシン,フェニルアラニン,リジン,アルギニン,プロリンが多く含有されていた.

中でもアスパラギン酸,グルタミン酸,グリシン,アラニンが多く認められ,いずれのアミノ酸も四万十川産のものが最も多く含まれ,つづいてDSW,D17,SSWの順であった.

表13・2 天然産および培養スジアオノリのタンパク構成アミノ酸
(mnol / 100g 乾物)

	四万十川	DSW	D17	SSW
ASP	23.42	21.35	11.19	3.56
THR	9.07	7.85	5.10	1.50
SER	10.52	7.85	5.89	5.30
GLU	17.81	16.26	9.25	3.42
GLY	18.76	15.02	10.53	2.86
ALA	17.93	14.71	11.35	3.26
VAL	5.93	6.84	4.53	1.27
MET	0.55	0.38	0.68	0.25
ILEU	2.76	3.13	2.11	0.45
LEU	8.76	9.06	6.26	1.52
TYR	2.09	1.94	1.38	0.26
PHE	5.16	4.62	3.16	0.50
HIS	0.7	0.87	0.25	0.13
LYS	4.78	5.71	2.88	0.53
ARG	6.73	7.08	2.97	0.55
PRO	5.71	4.62	5.53	0.12

3・4 含窒素化合物

図13・8に水抽出によって溶出されたタンパク質のSDS-PAGE図を示した.10～100 kDaにかけて数本のバンドが確認できた.

図13・9に窒素成分の内訳を示した.図上部は全窒素中の遊離およびタンパ

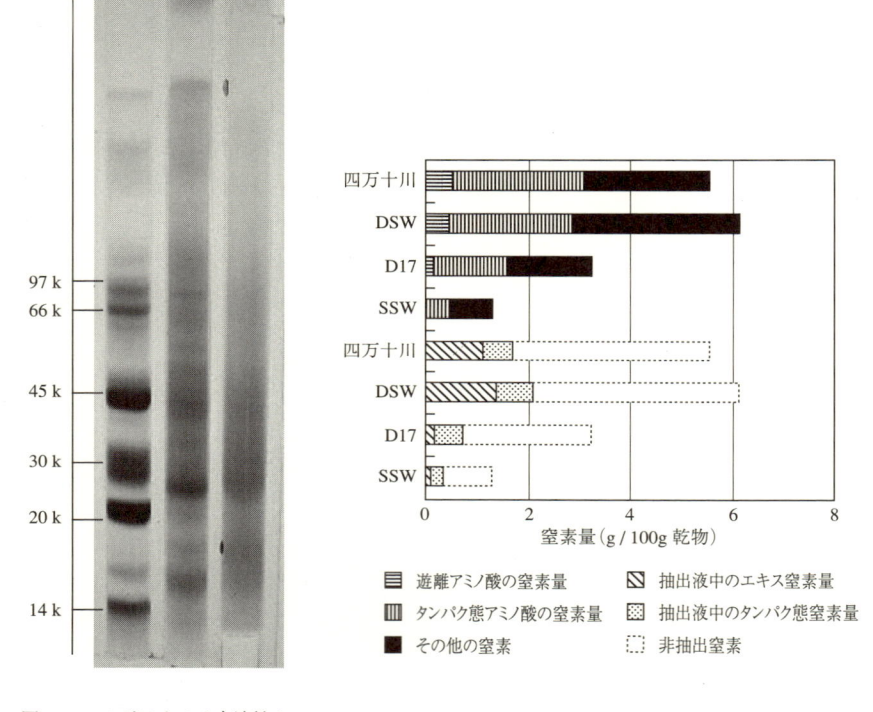

図13・8 スジアオノリ水溶性タンパク質のSDS-PAGE図
標準品：分子量マーカー

図13・11 天然および培養スジアオノリの窒素成分の内訳

凡例：
- 遊離アミノ酸の窒素量
- タンパク態アミノ酸の窒素量
- その他の窒素
- 抽出液中のエキス窒素量
- 抽出液中のタンパク態窒素量
- 非抽出窒素

ク構成アミノ酸の割合を示している．遊離アミノ酸は四万十川産とDSWでほぼ同一であったが，タンパク構成アミノ酸は四万十川産に多かった．しかし，いずれの試料もアミノ酸やタンパク質およびクロロフィルを加えても未知の成分に由来する窒素が多く存在しており，これらがどのようなものに由来するのか，今後の課題として残った．

　図の下の部分は全窒素に対する抽出された成分の割合を示している．試料中のタンパク質の20％程度しか溶出されていなかった．今後，酵素を含め，タンパク質を溶出させる方法についても検討する必要がある．

以上の結果,スジアオノリを深層水で培養すると,表層水や2倍希釈深層水よりも緑色が濃く,窒素含量の高いものが得られ,色および窒素含量とも天然産と同程度であることがわかった.スジアオノリが深層水培養で天然産と同じような質のものができると,通年入手でき,産業的に有用と考える.

文　献

1) M. Hiraoka, A.Dan, M. Hagihira, and M. Ohno: Growth and maturity of clonal thalli in E*nteromorpha prolifera* under different temperature conditions, *Nippon Suisan Gakkaishi*, 65, 302-303 (1999).

2) M. Hiraoka, A. Dan, S. Shimada, M. Hagihira, M. Migita, and M. Ohno: Different life histories of *Enteromorpha prolifera* (Ulvales, Chlorophyta) from four rivers on Shikoku Island, *Phycologia*, 42, 275-284 (2003).

3) H. Hayden, J. Blomster, C. Maggs, P. Silva, M. Stanhope and J. Waaland: Linnaeus was right all along : *Ulva* and *Enteromorpha* are not distinct genera, *Eur. J. Phycol.*, 38, 277-294 (2003).

本書の基礎になったシンポジウム

平成18年度日本水産学会大会シンポジウム
「海洋深層水の特性と利用」
企画責任者　川合研児（高知大農）・伊藤慶明（高知大農）・高橋正征（高知大院黒潮圏）・
　　　　　　深見公雄（高知大院黒潮圏）・藤田大介（海洋大）
共催　　　　高知県

開会の挨拶　　　　　　　　　　　　　　　　　　　　高橋正征（高知大院黒潮圏）
Ⅰ．海洋深層水とは　　　　　　　　　　　　座長　大和田紘一（熊本県大環境共生）
　1．海洋深層水の特性と研究の歴史　　　　　　　　高橋正征（高知大院黒潮圏）
　質疑
Ⅱ．海洋深層水による魚介類の飼育・種苗生産　座長　楠田理一（福山大生命工）
　1．魚類の飼育　　　　　　　　　　　　　　　　　村田　修（近大水研）
　2．クルマエビの完全養殖　　　　　　　　　　　　玉城英信（沖縄水試）
　3．魚介類の種苗生産　　　　　　　　　　　　　　渡辺孝之（富山水試）
　質疑
Ⅲ．海洋深層水による藻類の培養　　　　　　座長　大野正夫（高知大名誉教授）
　1．海藻類の培養　　　　　　　　　　　　　　　　平岡雅規（高知大海洋研セ）
　2．単細胞藻類の培養　　　　　　　　　　　　　　深見公雄（高知大院黒潮圏）
　質疑
Ⅳ．海洋深層水の大量散布　　　　　　　　　座長　嵯峨直恆（北大院水）
　1．洋上肥沃化　　　　　　　　　　　　　　　　　井関和夫（広大院生物圏科）
　2．藻場造成　　　　　　　　　　　　　　　　　　藤田大介（海洋大）
　3．環境への影響　　　　　　　　　　　　　　　　池田知司（KANSO）
　質疑
Ⅴ．海洋深層水の食品への利用　　　　　　　座長　森岡克司（高知大農）
　1．食品への利用状況　　　　　　　　　　　　　　伊藤慶明（高知大農）
　2．アオノリ化学成分への影響　　　　　　　　　　野村　明（高知工技セ）
　3．発酵への影響　　　　　　　　　　　　　　　　加藤麗奈（高知工技セ）
　4．香気への影響　　　　　　　　　　　　　　　　沢村正義（高知大農）
　質疑

Ⅵ．総合討論　　　　　　　　　　　　　　　座長　高橋正征（高知大院黒潮圏）
　　　　　　　　　　　　　　　　　　　　　　　　深見公雄（高知大院黒潮圏）
　　　　　　　　　　　　　　　　　　　　　　　　藤田大介（海洋大）
　　　　　　　　　　　　　　　　　　　　　　　　伊藤慶明（高知大農）
閉会の挨拶　　　　　　　　　　　　　　　　　　　　川合研児（高知大農）

出版委員

稲田博史	落合芳博	金庭正樹	木村郁夫
櫻本和美	左子芳彦	佐野光彦	瀬川　進
田川正朋	野澤尚範	深見公雄	

水産学シリーズ〔151〕　　　定価はカバーに表示

海洋深層水の多面的利用 − 養殖・環境修復・食品利用
Various aspects of deep seawater utilization
　− Aquaculture, environmental restoration, and food processing

---

平成 18 年 10 月 15 日発行

編　者　　伊　藤　慶　明
　　　　　髙　橋　正　征
　　　　　深　見　公　雄

監　修　社団法人　日本水産学会
　　　　〒108-8477　東京都港区港南 4-5-7
　　　　　　　　　　東京海洋大学内

発行所　〒160-0008
　　　　東京都新宿区三栄町 8　株式会社　恒星社厚生閣
　　　　Tel 03 (3359) 7371
　　　　Fax 03 (3359) 7375

© 日本水産学会, 2006.　印刷・製本　シナノ

好評発売中

水産無脊椎動物学入門

林 勇夫 著
A5判・300頁・定価3,675円

好評を得た前著『基礎水産動物学』の内容を最新の知見に基づき新たにし，また無脊椎動物に的を絞り新しく書き下ろしたもので，総論部分で無脊椎動物についての全般的な説明，各論で個々の分類群について詳述する．基礎的事項を中心にし，注目の話題をコラムで解説．前著同様，大学のテキストに最適．

環境ホルモン
―水産生物に対する影響実態と作用機構

「環境ホルモン―水産生物に対する影響実態と作用機構」編集委員会編
A5判・208頁・定価3,360円

本書は農水省が推進した「農林水産業における内分泌かく乱物質の動態解明と作用機構に関する研究」(1999〜2002年) にふまえ，これまで未解明であった内分泌かく乱物質による漁場環境，水生生物への影響を集約するとともに，新しく開発した技術を駆使し作用機構を明らかにした．今後の調査・研究に必須の内容．

フジツボ類の最新学
―知られざる固着性甲殻類と人とのかかわり

日本付着生物学会 編
A5判・410頁・定価7,140円

フジツボ類の分類・生態・付着機構に関する最新情報，環境保全を考えた付着防止の最新研究，新食材・生理活性物質としての利用やコンクリート耐久性向上への利用など新規利用研究，自然教育の教材としての活用など，フジツボ類に関するあらゆる最新情報を纏めた．多数のフジツボのカラー写真を掲載．

有明海の生態系再生をめざして

日本海洋学会 編
B5判・224頁・定価3,990円

諫早湾締め切り・埋立は有明海の生態系にいかなる影響を及ぼしたか．干拓事業と環境悪化との因果関係，漁業生産との関係を長年の調査データを基礎に明らかにし，再生案を纏める．本書に収められたデータならびに調査方法などは今後の干拓事業を考える上での参考になる．

養殖・蓄養システムと水管理

矢田貞美 編著
A5判・254頁・定価4,515円

良質の養殖魚を提供するためには，養殖および蓄養において魚肉質の低下を防ぐことが重要な問題となる．本書は，そのための実用的な養蓄システムおよび水管理技術を，また水族館での水管理技術を，現場を熟知した第一線の専門家が紹介．養殖・蓄養に携わる方，そしてこれから水管理技術を学ぼうとする方にとっての必携書．

定価は消費税5％を含む

恒星社厚生閣